高等职业教育建筑设计类专业教材

建筑初步

JIANZHU CHUBU

主　编 / 甘诗源　赖思耀

副主编 / 刘哲然　何　格　谭连杰

重庆大学出版社

内容提要

本书为高等职业教育建筑设计类专业教材。全书共六章，主要内容包括建筑概述、中外建筑历史简介、表现技法初步、形态构成、建筑方案初步，以及学生作品赏析。本书旨在通过系统的建筑初步训练，从建筑概念认知、建筑史与建筑作品认知、表现技法训练、空间形态构成认知、方案设计认知等方面，帮助读者建立起有关建筑初步的基本知识框架。

本书可作为高等教育本科院校和高职院校建筑设计、室内设计、环境艺术以及建筑装饰设计等专业的专业课教材，也可供从事建筑设计、环境艺术设计等行业的设计人员参考。

图书在版编目（CIP）数据

建筑初步 / 甘诗源, 赖思耀主编. -- 重庆 : 重庆大学出版社, 2024. 3

高等职业教育建筑设计类专业教材

ISBN 978-7-5689-4401-4

Ⅰ.①建… Ⅱ.①甘… ②赖… Ⅲ.①建筑学—高等职业教育—教材 Ⅳ.①TU

中国国家版本馆CIP数据核字（2024）第051161号

高等职业教育建筑设计类专业教材

建筑初步

JIANZHU CHUBU

主　编　甘诗源　赖思耀

副主编　刘哲然　何　格　谭连杰

策划编辑：林青山

责任编辑：夏　雪　　版式设计：夏　雪

责任校对：谢　芳　　责任印制：赵　晟

*

重庆大学出版社出版发行

出版人：陈晓阳

社址：重庆市沙坪坝区大学城西路21号

邮编：401331

电话：（023）88617190　88617185（中小学）

传真：（023）88617186　88617166

网址：http：//www.cqup.com.cn

邮箱：fxk@cqup.com.cn（营销中心）

全国新华书店经销

重庆正文印务有限公司印刷

*

开本：787mm × 1092mm　1/16　印张：10.5　字数：249千

2024年3月第1版　2024年3月第1次印刷

ISBN 978-7-5689-4401-4　定价：49.00元

前言

FOREWORD

“建筑初步”是一门内容广泛的综合性课程。它既是建筑环境设计的重要组成和延伸，又是建筑文化的重要体现，是科学技术与文化活动的综合体。

本书以习近平新时代中国特色社会主义思想为引领，融入党的二十大精神，紧扣高等职业教育的教学特点和建筑设计类专业的教学要求，力求通过系统的建筑初步训练，从建筑概念认知、建筑史与建筑作品认知、表现技法训练、空间形态构成认知、方案设计认知等方面，帮助学生建立起有关建筑初步的基本知识框架，初步掌握建筑设计表现方法，为后续专业课程的学习打下坚实的建筑设计理论基础。本书结合学科特点，在各章节融入中国传统建筑案例，旨在潜移默化地提高学生对中国传统建筑文化的学习热情，使学生在掌握建筑知识与绘画技能的同时，树立良好的学习观念，培养爱国情怀，传承优秀历史文脉。本书对学生学习和教师教学有引导作用，从实用的角度给学生以学习切入点，由此实现与以后实际工作的无缝衔接。

本书出版受重庆工商职业学院重庆市高水平专业群——“建筑室内设计专业群”建设经费资助，版权归重庆工商职业学院所有。本书由重庆工商职业学院甘诗源、重庆工商职业学院赖思耀担任主编，由重庆工商职业学院刘哲然、重庆工商职业学院何格、重庆市复归文化艺术研究院谭连杰担任副主编。全书由甘诗源统稿和拟定编写大纲。

本书参考和引用了大量文献及图片资料，在此对其作者表达深深的谢意！参考和引用的资料已尽量在参考文献中列出，其中有些文献的作者无法确定，如有不尽详细或遗漏之处，还请相关作者见谅。

限于编者的专业水平和实践经验，书中难免有疏漏或欠妥之处，恳请广大读者批评指正。

编　者

2023 年 11 月 10 日

目 录

CONTENTS

·第四章　形态构成

·第五章　建筑方案初步·

·第六章　学生佳作欣赏·

DIYIZHANG JIANZHU GAISHU

第一章　建筑概述

1.1 什么是建筑

1.1.1 建筑的经典阐释

建筑是什么？对于一般人来说，建筑也许就是房屋。但当我们真正学习建筑，深入了解建筑，并把它作为一门学问来研究的时候，我们就会发现这种回答是很不确切的。房屋是建筑，但建筑不仅仅是房屋。比如桥梁、水坝等，它们虽然也属于建筑，但不是房屋。

那么，建筑究竟是什么？这个问题存在多种答案，每种答案多多少少能反映出建筑的基本特征。下面我们简单列举几种常见的提法。

有人认为建筑就是空间，这种说法是有一定道理的。老子曰 ："埏埴以为器，当其无，有器之用。凿户牖以为室，当其无，有室之用。故有之以为利，无之以为用。"人们建房、立围墙、盖屋顶，而真正实用的却是空的部分。围墙、屋顶为"有"，而真正有价值的却是"无"的空间。"有"是手段，"无"才是目的。从这里可以看出，建筑的空间既有实空间又有虚空间，而且虚空间是人活动的场所，实空间是为形成虚空间而设的。然而，我们说建筑是实空间和虚空间的合成，还是不够全面，因为它还没有涉及建筑的一些重要内涵。

18 世纪，德国哲学家谢林说："建筑是凝固的音乐。"这种说法无疑是把建筑当成一种艺术来对待了。建筑确实称得上是一种艺术。无论是古希腊时期的帕特农神庙、伊瑞克提翁神庙，还是现代法国的朗香教堂、澳大利亚的悉尼歌剧院，抑或是中国的故宫、天坛、江南园林等，都是艺术中的精品。从逻辑上说，建筑和艺术是一种交叉关系，即建筑除了具有艺术属性，还有其他特征；而艺术除了建筑这个门类，也还有其他门类。建筑艺术不同于音乐、绘画、雕刻等其他艺术，它有实用的价值，会耗费大量的人力和物力。建筑艺术正是以这种实用性和技术为基础，构成了人类艺术宝库中的一个独特组成部分。

雨果说过"建筑是用石头写成的史书"。另一位有名的现代建筑师勒·柯布西耶也提出："建筑是'居住的机器'。"这些见解意味着人们对建筑有了工程技术方面的认识。但是建筑又有不同于其他工程的特点，即建筑的目的是为人类的各种活动提供良好的环境，因为一个人一生的绝大部分时间是在与建筑有关的各种室内室外空间中度过的。建筑所表现的造型风格、环境气氛、空间意境，乃至材料色彩、装饰细节等，莫不给人以潜移默化的影响，从而能提升人们的艺术素养。因此，人们必然会对建筑寄予个人的审美期望。也就是说，人对建筑既有物质的要求，又有精神的要求。世界著名建筑举例如图 1.1 所示。

（a）故宫

（b）布达拉宫

（c）罗马斗兽场

（d）比萨斜塔

（e）泰姬陵

（f）科隆大教堂

图 1.1 世界著名建筑

1.1.2 建筑与社会发展的联系

随着社会的发展，建筑的外形、材料、技术水平都发生了巨大的变化。我们常常会有疑惑：同样是一个类型的建筑，为什么看上去会有如此大的区别？

恭城书院原名“罗蒙书院”（图 1.2），位于湖南省怀化市通道侗族自治县罗蒙山下。该书院由门楼、斋舍、讲堂、通廊 4 个部分组成，建筑群完整而有序，飞檐翘角的门楼雄伟壮观，布满青苔的石阶散发着古朴的气息。它是中国现存最完整的侗族古书院，也是少数民族地区最大规模且保存完整的书院。

上海交通大学图书馆（图 1.3）是三层钢筋混凝土结构，中部顶层有钟楼，底层有大礼堂，由三角形的山墙组成错落有致的立面，利用红砖不同的出挑方式，营造出富有韵律的装饰效果。白色的线脚和混凝土框架间的红砖相映成趣，显得活泼生动，属于英式文艺复兴风格建筑。

材料与技术、社会生产方式、社会思想意识、地区和地理条件以及审美方式的不同，都使得建筑千变万化。总之，建筑所处的时代、社会造就了它们独特的个性与魅力。

图 1.2　恭城书院

图 1.3　上海交通大学图书馆

1）社会生产方式的变化对建筑的影响

社会生产方式的变化使得建筑不断发展。首先不得不提的便是古埃及最著名的建筑——金字塔。其中，吉萨金字塔群（图 1.4）由 3 座最大、保存最完好的金字塔组成，分别是胡夫金字塔、哈夫拉金字塔和门卡乌拉金字塔。其中最高大的胡夫金字塔现高 130 多米，由 200 多万块巨石砌成。这 3 座灰白色的人工建筑以蔚蓝天空为背景，屹立在一望无际的黄色沙漠上，是千百万奴隶在极其原始的条件下劳动与智慧的结晶。金字塔以庞大无比的简单几何形象作为奴隶主绝对势力的象征，深刻地反映了奴隶社会的生产关系。

图 1.4　吉萨金字塔群

北京故宫（图 1.5）是中国明清两代的皇家宫殿，旧称紫禁城，位于北京中轴线的中心，是中国古代宫廷建筑的精华。作为封建社会的最高统治中心，故宫建筑沿用了木结构形式，以明确的中轴线布局生动地反映了封建社会的阶级关系。

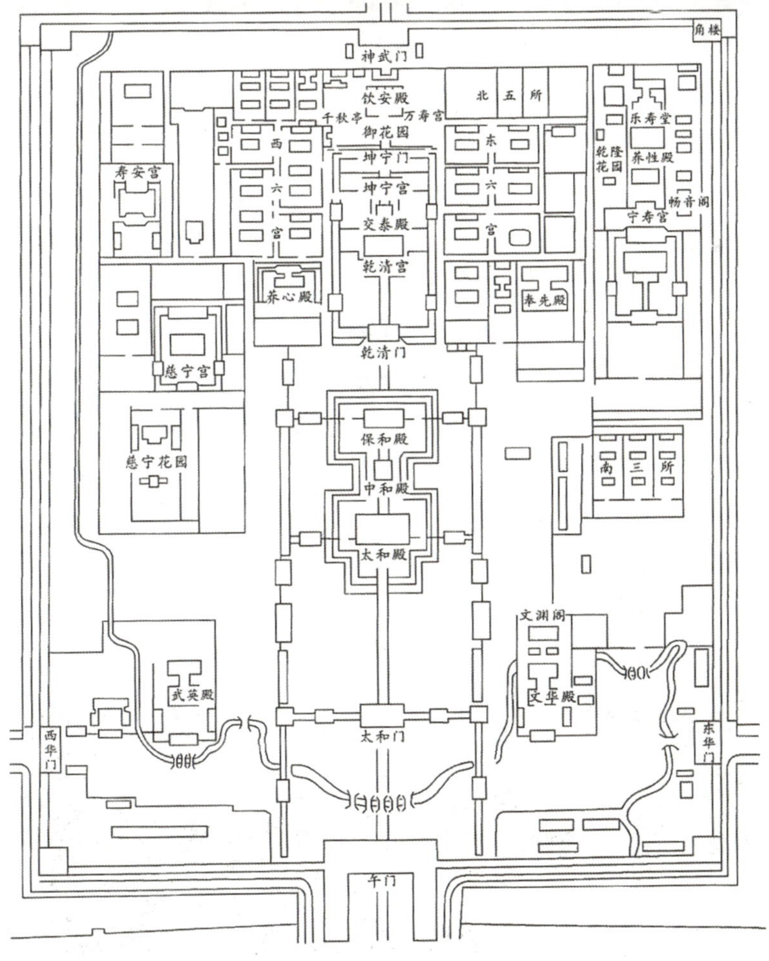

图 1.5　北京故宫

图 1.6　纽约世界贸易中心

曾为美国纽约最高建筑物的世界贸易中心是现代资本主义社会的标志性建筑之一。世界贸易中心摩天楼采用钢框架套筒体系，采用筒中筒结构，外墙承重，且由密集的钢柱组成，具有强大的抵抗水平荷载的能力（图 1.6）。

2）社会思想意识对建筑的影响

在我国长期的封建社会中，统治阶级的思想意识占据主导地位，建筑必然受到这种思想意识的影响（图 1.7）。

欧洲古罗马时期的建筑继承了古希腊的建筑风格，凸显地中海地区特色，是古希腊建筑的一种发展。古罗马建筑（图 1.8、图 1.9）将拱券发展得十分成熟，为柱式的叠层制定了规范，

（a）建筑中的龙凤纹样象征至尊无上的皇帝和皇族　　（b）建筑的屋顶样式也按等级分

图 1.7　建筑中的等级意识

图 1.8　君士坦丁凯旋门

图 1.9　万神庙

丰富了建筑的功能和形式，给当时的建筑发展带来了巨大的影响。

3）不同地区自然条件对建筑的影响

自然条件对建筑的形成和发展有一定影响。不同地区的气候条件和自然资源使建筑在结构形式、功能使用及艺术风格等方面都表现出自身的特点（图 1.10、图 1.11）。

图 1.10　以石材为骨架

图 1.11　以木材为骨架

地区气候的差异也会直接影响建筑的外观形象和内部布局，不同地区的建筑具有丰富多彩的特色。例如，南方多雨地区的建筑屋顶较为陡峭，而干燥地区的建筑屋顶则较为平缓（图 1.12、图 1.13）。

图 1.12　多雨地区屋顶陡峭

图 1.13　干燥地区屋顶平缓

建筑没有精确的定义，它是模糊的、多义的，可以从任何角度去理解。建筑既要满足人们的物质需要，又要满足人们的精神需要。它既是一种技术产品，又是一种艺术创作。

1.2 建筑的基本构成要素

建筑是人类发展史中的重要组成部分。不管是原始、简单的建筑，还是现代、复杂的建筑，从根本来说，它们都有相同的构成要素。早在宋代，李诫编写的《营造法式》就对建筑设计与构造进行了全面而系统的规定，而古罗马时期的建筑师维特鲁威也在《建筑十书》中提出了建筑三要素——实用、坚固、美观。建筑师的主要任务是全面贯彻“适用、经济、绿色、美观”的建筑设计方针。建筑的基本构成要素是指建筑功能、建筑的物质技术条件和建筑形象。

1.2.1 建筑功能

人类建造房屋都有具体目的和使用要求，这就是建筑功能，包括使用功能和基本功能。建筑按使用功能可以分为多种建筑类型，如居住建筑、教育建筑、医疗建筑等。不管是什么类型的建筑，都必须满足基本功能（提供稳定的场所和一定的空间，有一定的稳固性和防护性）的要求。

1）人体活动基本尺寸

人在建筑所形成的空间中活动，人体与建筑具有十分明显的关系。为了让人们使用起来更加舒适，建筑设计师必须了解人体活动基本尺寸。人体活动基本尺寸如图 1.14—图 1.16 所示。

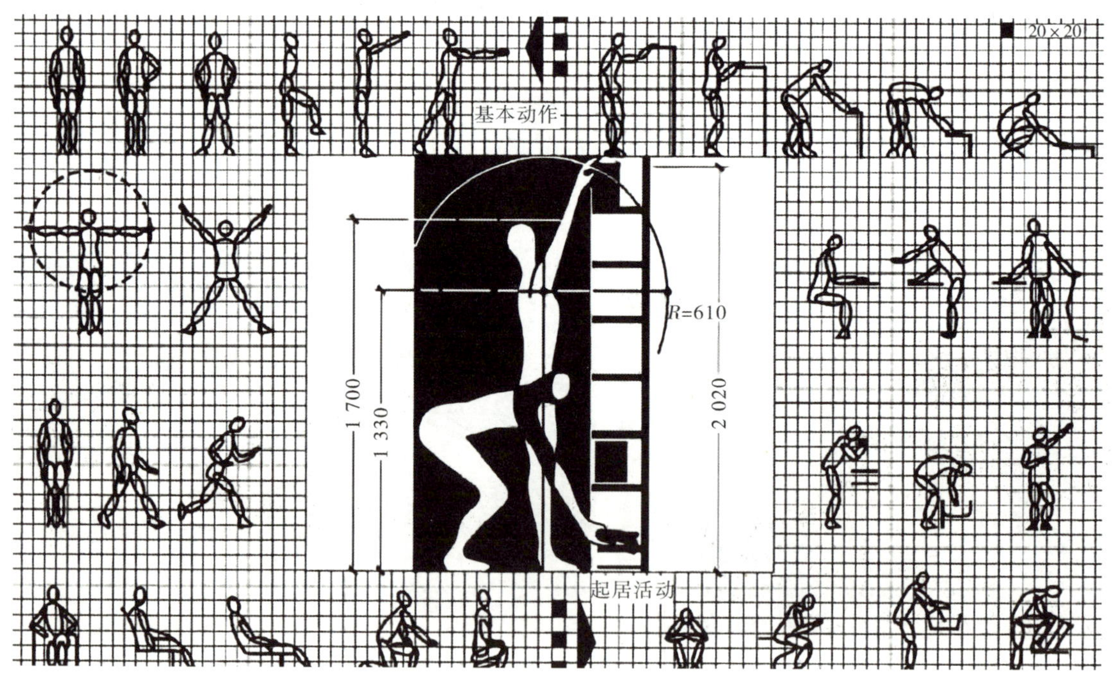

图 1.14 人体活动基本尺寸（单位：mm）

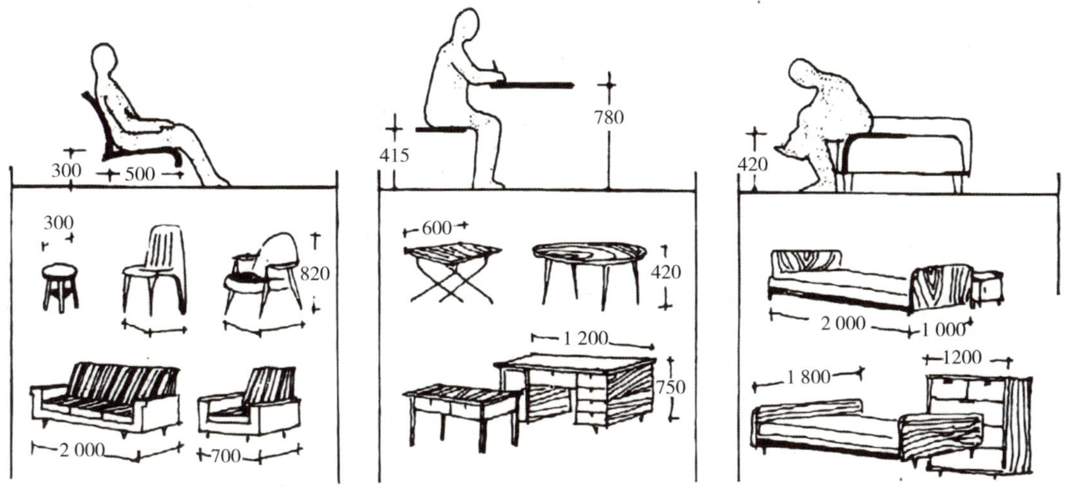

图 1.15 家具基本尺寸反映人体基本尺寸（单位：mm）

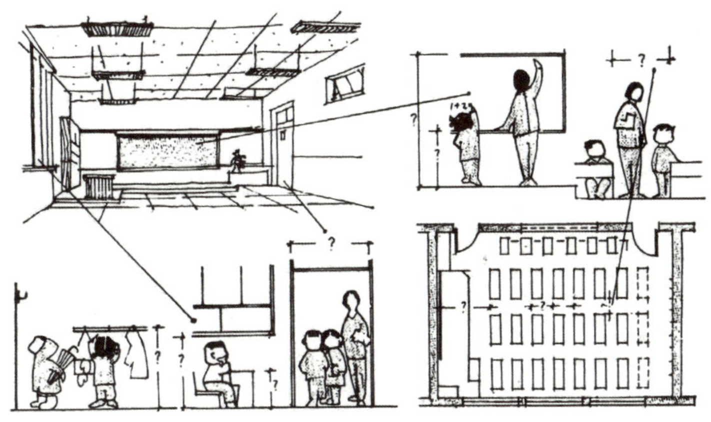

图 1.16 建筑与人体的基本尺寸比例——以小学教室为例

2）人的生理需求

人的生理需求包括对建筑物的朝向、保温、隔热、隔声、通风、采光、照明等方面的要求，它们是满足人类生产和生活所必需的条件。

3）使用过程和特点

人们在各种类型的建筑中活动，经常是按照一定的顺序或路线进行的。例如，一个符合使用要求的铁路旅客车站要有一定的活动顺序和特点，才能合理地安排好售票厅、候车室、进/出站口等各部分之间的空间关系（图 1.17）。

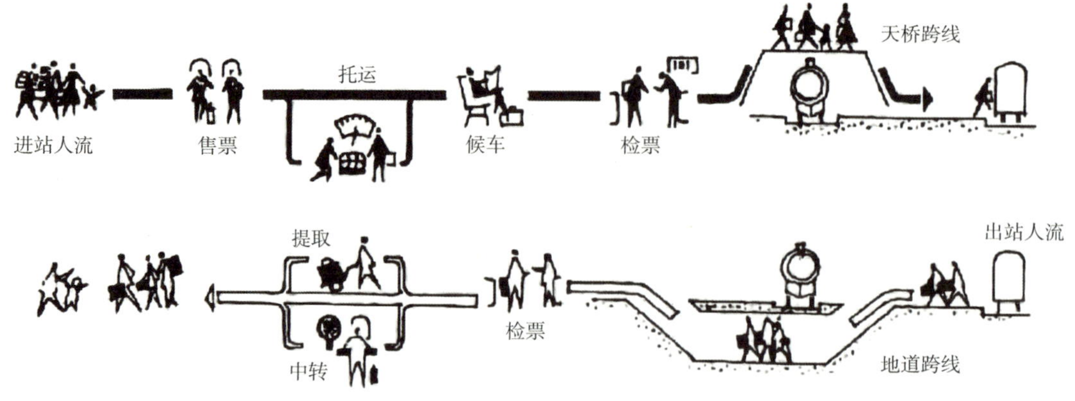

图 1.17　旅客进站、出站顺序图

1.2.2　建筑的物质技术条件

建筑的物质技术条件一般包括建筑结构、建筑材料、建筑施工和建筑设备等内容，是建筑实施的基本手段。

1）建筑结构

民用建筑一般由基础、墙（或柱）、楼板层及地坪层（楼地层）、屋顶、楼梯和门窗等主要部分组成（图 1.18）。结构是建筑的骨架，它为建筑提供合理使用的空间并承受建筑物的全部荷载，抵抗风雪、地震以及温度变化等对建筑的破坏。结构的坚固程度直接影响建筑物的安全和寿命。

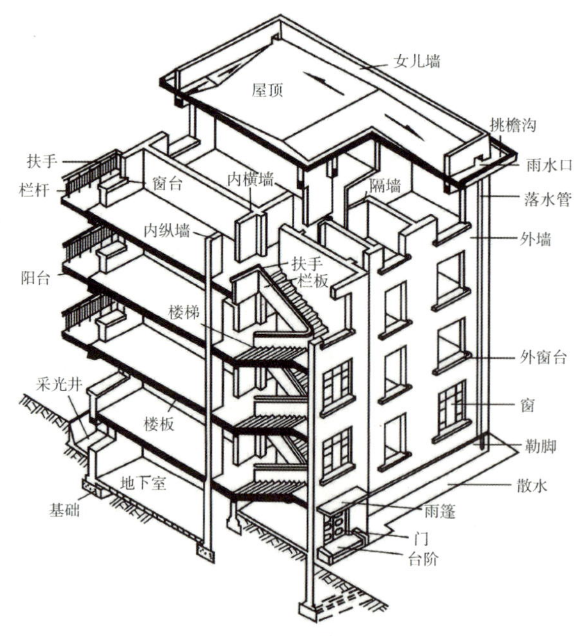

图 1.18　民用建筑结构图

常见的建筑结构类型有砖混结构、木结构、剪力墙结构、框架结构、钢结构、混合结构等。人们从大自然中得到启示，创造出诸如壳体、折板、悬索、桁架、网架、膜等多种多样的新型结构（图 1.19、图 1.20），为建筑拥有灵活多样的空间提供了条件。

（a）砖混结构

（b）木结构

（c）钢筋混凝土结构

（d）钢结构

（e）壳体结构

（f）折板结构

(g) 悬索结构

(h) 桁架结构

(i) 网架结构

(j) 膜结构

图 1.19　各种建筑结构类型

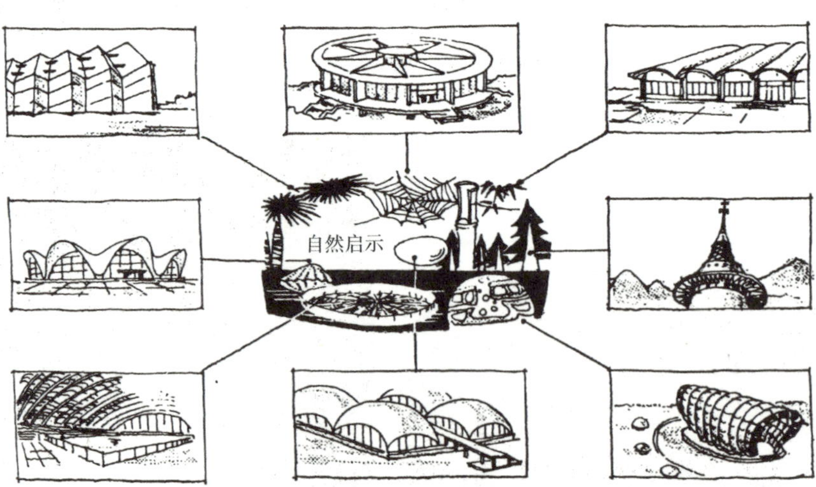

图 1.20　建筑模仿大自然

2）建筑材料

建筑材料包括结构材料、装饰材料和专用材料。

结构材料包括木材、竹材、石材、水泥、混凝土、钢材、复合材料等；装饰材料包括砖瓦、工程塑料、各种涂料、镀层、贴面、各色瓷砖、具有特殊效果的玻璃等；专用材料指具有防水、防潮、防腐、防火、阻燃、隔音、隔热、保温、密封等专门功能的材料。

随着建筑业的发展，我国以低碳环保发展为导向，常规建材已难以适应目前建筑业的发展需求，对新型建材的需求越来越大。新型材料一般运用在建筑结构、防水、防火、密封、保温、隔音、装饰等领域。新型材料具有绿色环保、复合型、高质量等特点，其运用对建筑工程有重要的现实意义。

3）建筑施工

建筑施工是指工程建设实施阶段的生产活动，是各类建筑物的建造过程，也可以说是把设计图纸上的各种线条在指定的地点变成实物的过程。建筑施工一般包括以下两个方面：

①施工技术：人的操作熟练程度、施工工具和机械、施工方法等。

②施工组织：材料的运输、进度的安排、人力的调配等。

4）建筑设备

建筑设备是指安装在建筑物内为人们生活、工作提供便利、安全等条件的设备，包括水、电、暖通、空调、通信、消防、运输、安全等设备。建筑设备的发展为建筑向智能化方向发展奠定了基础。

随着科学技术的发展，各种新结构、新材料、新工艺、新设备不断涌现，满足了人们对建筑各种不同功能的要求，促进了建筑技术的飞速发展。

1.2.3　建筑形象

建筑形象是指建筑群体和单体的体形、内部和外部的空间组合、建筑立面构图、细部处理、材料的色彩和质感，以及光影变化等因素所创造的综合艺术效果。

建筑形象涉及文化传统、民族风格、社会思想意识等多方面的因素。良好的建筑形象首先应该是美观的。要做到这一点，须注意以下几个问题。

1）比例与尺度

任何物体都有 3 个方向的度量，即长、宽、高，所谓比例则是指物体这 3 个方向度量的关系。不论整体还是局部建筑，都具有比例，而设计者需要通过反复推敲寻求最为理想的关系。

一切造型艺术都面临着比例是否和谐的问题，和谐的比例使建筑富有美感。从古到今，人们耗费大量的人力、物力去探索如何才能构成良好的比例，结论也是层出不穷。其中，西方古典柱式可以说是研究比例的典范：它从整体到局部的度量关系均以柱底的半径为模数来计算，不论柱的尺寸如何变化，比例始终保持不变。西方古典柱式比例示意图如图 1.21 所示。

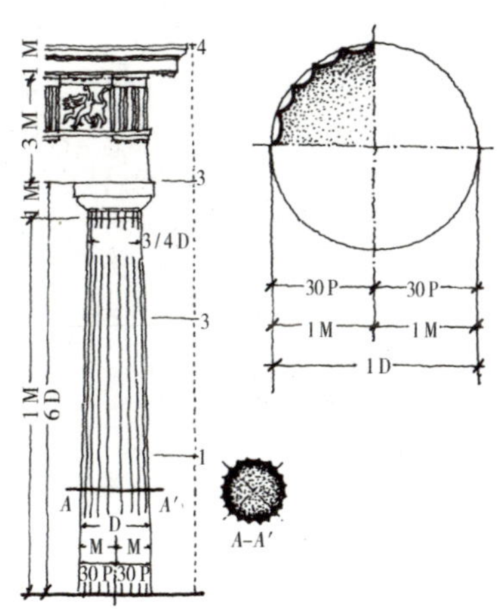

图 1.21　西方古典柱式比例示意图

我国古代木结构建筑也遵循着一定的比例原则，与西方不同的是，模数由西方的柱半径变成了间宽。中国古建筑比例示意图如图 1.22 所示。

图 1.22　中国古建筑比例示意图

尺度是指建筑与人体之间的大小关系和建筑各部分之间的大小关系，以及由此形成的一种大小感。在日常生活中，人们习惯用一些建筑构件的尺寸（如门扇高度通常为 2~2.5 m）来衡量建筑物的大小。

2）对比与微差

对比是指要素之间显著的差异，微差是指不显著的差异。事物总是通过比较而存在，对比可以借助要素彼此之间的陪衬从而突出各自的特点以求得变化，而微差则可以借助要素相互之间的共同性求得和谐。例如，对于同样一个白色方块，它在深色背景下显得亮一些，在浅色背景下则显得暗一些（图 1.23）。这便是利用了明暗对比所产生的效果。

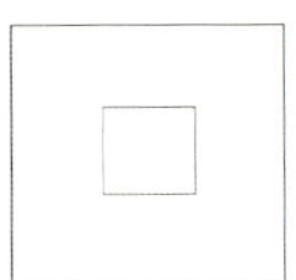

图 1.23　明暗对比

建筑形象中存在许多对比，如形状的对比——方和圆，材料质感的对比——光滑和粗糙，方向的对比——垂直和水平。合理运用对比可以使建筑形象更加丰富多彩（图 1.24、图 1.25）。

图 1.24　垂直线、水平线与弧线对比

图 1.25　虚与实对比

3）均衡与稳定

建筑的均衡主要是指建筑各部分的关系给人安定、平衡的感觉，而稳定主要是指建筑在造型上所产生的一定艺术效果。前者属于科学研究的范畴，后者属于美学研究的范畴。

以静态均衡而言，主要有对称和非对称两种基本形式。对称的物体天然就是均衡的，具有完整统一性（图 1.26）。而非对称物体之间的制约关系不像对称形式那样明显，但非对称物体的均衡感显然要活泼得多（图 1.27）。

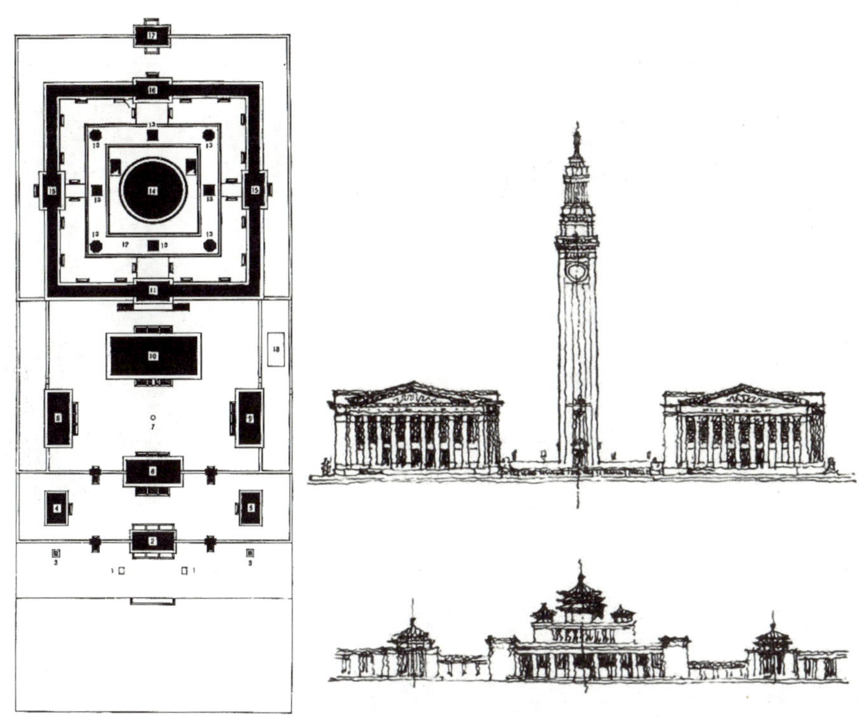

图 1.26　对称式均衡

图 1.27　非对称式均衡

4）韵律与节奏

韵律本是用来形容音乐和诗歌中音调的起伏和节奏感的，它在建筑中的体现也极为广泛。无论是在东方还是西方，也无论在古代还是现代，建筑几乎处处都能给人以美的韵律感。由于功能的需要或结构的安排，建筑中的某些元素常常会按一定的规律出现，如窗户和柱的重复、阳台和廊的重复等，这些都会产生一定的韵律感，因此建筑也被称作“凝固的音乐”（图 1.28）。

（a）水平方向的韵律

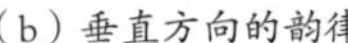

（b）垂直方向的韵律

（c）天坛藻井以逐层扩大且兼有渐变的圆环形成韵律

（d）交叉形成韵律

图 1.28　建筑中的韵律

1.3　建筑功能与空间

空间设计是建筑与室内设计的主角，正确理解并掌握空间的概念，是从事城市规划、建筑设计、园林设计和室内设计的人员必备的基本素质和要求。无论是建筑设计还是室内设计，一项重要的设计工作就是对空间的无限想象与创造（图 1.29）。

图 1.29　对空间的想象与创造

人们对空间的感受是借助实体得到的，不同形式的空间可以使人产生不同的感受，因此人们根据自己的需求围合或分隔空间。

1.3.1　建筑空间

建筑空间是一种人为的空间。墙柱、屋面、地面、门窗等围成建筑的内部空间，建筑物与建筑物之间以及建筑物与周围环境形成建筑的外部空间。建筑以各种空间满足人们生产或生活的需要。

1.3.2　空间的功能

建筑的功能要求以及人在建筑中的活动方式，决定着建筑空间的大小、形状、数量及其组织形式。空间的功能包括物质功能和精神功能，两者是不可分割的。

物质功能体现在空间的物理性能上，如空间的大小与形状、空间组织，同时还要考虑采光、照明、通风、隔音、隔热等物理环境。精神功能建立在物质功能基础之上，以人的精神需求为出发点，从人的爱好、愿望、审美情趣以及民族风俗等方面入手，创造出适宜的建筑室内环境，使人们获得精神上的满足和美的享受。

1.3.3 空间的类型

1）从空间的形态上分类

根据使用功能合理地设定空间的大小和形状是建筑设计的一个基本任务。建筑平面决定空间长宽方向的尺寸，在设计中空间形态主要从平面开始确立，因此首先应考虑空间中人的活动尺寸和家具的布置。平面设计中最常见的是矩形平面（图 1.30），矩形平面的优点是结构相对简单，便于家具和设备的布置，空间利用率较高。

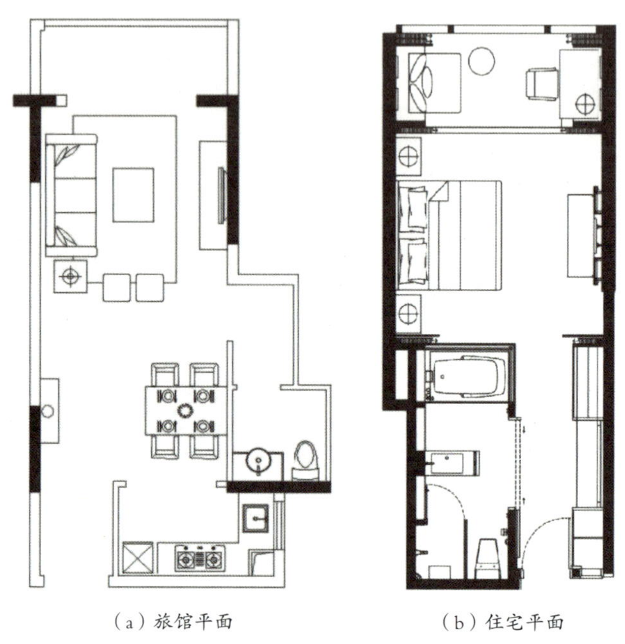

（a）旅馆平面　（b）住宅平面

图 1.30　矩形平面

其他形状如圆形［图 1.31（a）］、三角形［图 1.31（b）］、多边形［图 1.30（c）］、梯形和一些不规则形状的平面，多用于特定情况的平面设计中。

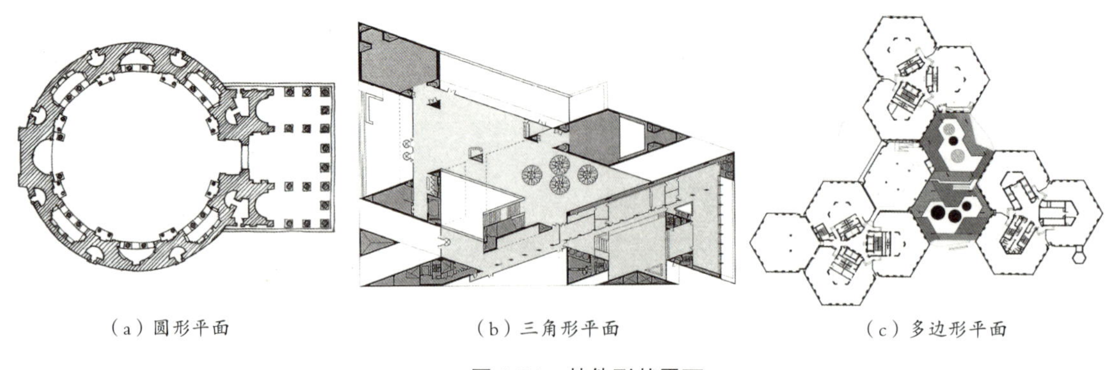

（a）圆形平面　（b）三角形平面　（c）多边形平面

图 1.31　其他形状平面

2）从空间的组织形式上分类

（1）集中空间

集中空间通常是一种稳定的构图，它有两种表现形式：主 - 次集中空间和同层级集中空间。主 - 次集中空间由一定数量的次要空间围绕一个大的占主导地位的空间构成（图 1.32）。处于中心的主导空间应有足够大的空间体量，以便次要空间能够集结在其周围。次要空间的功能、体量可以完全相同，也可以不同，以适应功能和环境的需要。同层级集中空间由数个相同层级的空间按一定形式构成（图 1.33）。

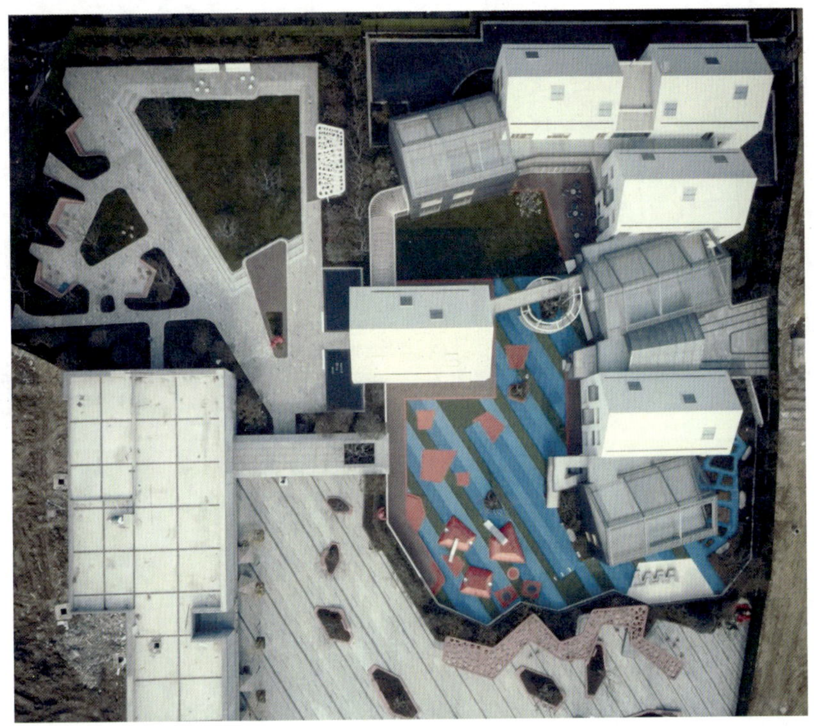

图 1.32　主 - 次集中空间

图 1.33　同层级集中空间

（2）分散空间

与集中空间不同，分散空间（图 1.34）的设计通常有特定的条件需求，例如地形的限制需要分散式空间布局，空间之间需要较为开阔的活动场地等。分散空间具有一定的自由性和开敞性。

图 1.34　分散空间

（3）有序空间

有序空间（图 1.35）指将一系列空间按一定的逻辑秩序进行排列、组合、穿插，有秩序感的空间使人产生稳定的可知感。

图 1.35　有序空间

（4）无序空间

无序空间是相对于有序空间的概念，它不是没有秩序的杂乱，而是在一定秩序范围内对空间更自由的探索。它有着特有的空间构成逻辑，因此在无序空间中依然可以找到空间的秩序感，如威尼斯城市空间结构就呈现出了无序状态中的有序（图 1.36）。

图 1.36 无序空间

3）从人对空间的心理感受上分类

（1）封闭空间

用限定性比较高的围护实体（如承重墙、轻质隔墙等）围合起来，在视觉、听觉等方面具有很强隔离性的空间称为封闭空间（图 1.37）。封闭空间与周围环境隔绝，其特点是收敛和向心，有很强的区域感、安全感和私密性，通常也让人感到比较亲切。

图 1.37 封闭的室内空间

（2）开敞空间

开敞空间（图 1.38）的开敞程度取决于有无侧界面、侧界面的围合程度、开洞的大小，以及启闭的控制能力等。开敞空间是外向性的，限定性和私密性小，强调与周围环境的交流、渗透，通过对景、借景等手法与大自然或周围空间融合。与同样大小的封闭空间相比，开敞空间显得更大一些。

图 1.38　开敞的室外空间

（3）静态空间

安静、平和的空间环境也是人们所需的。与动态空间相比，静态空间形式给人的感受是稳定的（图 1.39）。

图 1.39　安静的室内空间

(4) 动态空间

建筑中的一些元素或形式给人们带来视觉或听觉上的动感，这样的空间即动态空间（图1.40）。

图 1.40 富有动感的室内空间

4）其他类型空间

(1) 交错空间

空间相互交错配置，且富有层次变化和趣味，这样的空间即交错空间（图 1.41）。现代空间设计不局限于封闭而规整的方盒子式的简单层次，在空间的组合上常常采取灵活多样的手法，形成复杂多变的空间关系。

图 1.41 交错的室外空间

（2）结构空间

以往，人们总是把建筑结构隐藏起来。而随着对结构的认识越来越深刻，人们发现结构与形式美并不一定是矛盾的，科学而合理的结构往往也是一种美的形态（图 1.42）。

图 1.42　暴露的结构空间

（3）迷幻空间

迷幻空间是指一种超现实主义的、戏剧化的空间形式（图 1.43）。设计者为表达强烈的自我意识，利用超现实主义艺术的扭曲、变形、倒置、错位等手法，将家具、陈设、空间等造型元素组成奇形怪状的空间形态。

图 1.43　迷幻空间

1.4 建筑与环境

建筑以其所形成的各种内部和外部空间为人们的生活提供多种多样的环境。建筑美在某种程度上是自然美与人工美的结合，是由建筑与周围环境共同营造的。

1.4.1 建筑与自然的和谐

建筑、人、环境应该被看作一个不可分割的整体，脱离人对环境的要求，建筑便失去了存在的意义。建筑与自然环境的和谐，主要体现在建筑与自然地形相结合，即建筑与地形的统一，以此实现天人合一、生态和谐，人、社会与自然和谐发展。

图 1.44 流水别墅

美国建筑师赖特设计的流水别墅（图 1.44），堪称建筑与自然完美结合的典范：溪水由平台下流出，建筑与溪水、山石、树木自然地结合在一起，像是由地下生长出来的。

贝聿铭设计的美国国家美术馆东馆（图 1.45）于 1978 年落成。面对一个不规则的直角梯形平面，贝聿铭用一条对角线把梯形分成两个三角形。西北部面积较大，是等腰三角形，底边朝西馆，以这部分作展览馆；东南部是直角三角形，为研究中心和行政管理机构用房。此种划分很好地将建筑与自然环境结合起来。

图 1.45 美国国家美术馆东馆

1.4.2　建筑与历史的和谐

建筑所呈现的历史是人类自身的历史，建筑和历史是和谐统一的。历史建筑不仅有着华丽的外表，还反映了人类自身的奋斗印记（图 1.46）。

图 1.46　北京故宫

1.4.3　自然环境与人工环境的结合

环境包括自然环境与人工环境。就人对环境的要求而言，人工环境和自然环境都是不可或缺的。建筑所营造的人工环境，有着各种实用功能，这是大自然不能提供的。脱离了人工条件，建筑便不存在。而割裂建筑与自然的联系，则会使人的生活有很大的局限性。因地制宜是一种重要的建筑方法，既取人工之巧，又得自然之利。意大利威尼斯水城建筑依水势而建，具有自然环境人工化的明显特色（图 1.47）。

图 1.47　威尼斯水城

1.4.4　建筑环境内与外的和谐

人类建造建筑物的主要目的是取得内部空间以供使用，建筑物建成后必然会对周围的环境产生一定程度的影响。建筑外部空间包括除建筑本身和公共建筑之外的基地环境、道路、景观等。这些由建筑构成或以建筑为主的外部空间，也能为人们的活动提供场所。外部空间也具有艺术的魅力，是人们户外生活不可缺少的环境。北京颐和园后山买卖街，河岸呈曲尺形，建筑依水而建，再现江南水乡景色（图 1.48）。

图 1.48　颐和园买卖街

1.4.5　物理环境与行为环境的和谐

物理环境是指建筑物的声环境、光环境与热环境。这些既是人的生理需要，也是构成建筑物理环境的基本内容。例如，演出建筑宜符合人的视听要求（图 1.49）。

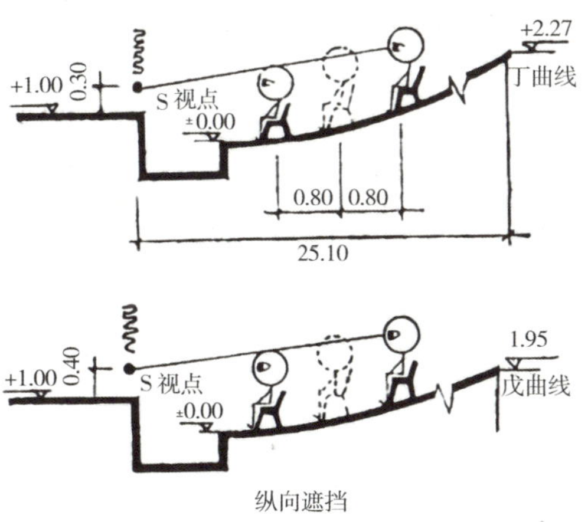

图 1.49　演出建筑剖面（单位：m）

建筑是人们行为的环境，人们在生活中形成行为模式和心理体验，会在不同的活动中对建筑环境提出不同的要求。

1.4.6 建筑环境与地域的和谐

建筑环境的存在离不开一定的地域范围。一定地域内的气候条件、材料资源、地形地貌等对建筑环境的形成有着重要影响，赋予建筑环境强烈的地域特色。在我国西南傍水依山的地区，人们用木柱支撑建楼，下层悬空，楼层前面为楼，后面落地，此形式民居称为吊脚楼（图 1.50）。

建筑环境的形成有多方面的因素，涉及的范围或大或小，遇到的各种环境因素也不尽相同。只有根据实际情况进行综合分析，从人的生活出发，从整体环境着眼，才能实现建筑、人以及环境的和谐统一。

图 1.50　吊脚楼建筑

DIERZHANG ZHONGWAI JIANZHU LISHI JIANJIE

第二章　中外建筑历史简介

2.1 中国古代建筑概述

2.1.1 中国古代建筑的发展

中国古代建筑在世界建筑史上的地位超然。中国古代建筑是一个大建筑的概念，是集书法、绘画、雕刻和建筑于一体的综合艺术。中国古代建筑的发展演变，可以从近几百年上溯到六七千年前的上古时期。

1）上古时期

上古时期建筑分为巢居、穴居和庐居三个类别。巢居，是三大形式中的主流，主要分布在长江流域，经历了“在单棵树上筑巢—在四棵相邻的树上筑巢—直接建造木结构的架空建筑”的过程。“构木为巢”的巢居形式逐渐发展成干阑式建筑，具有代表性的是浙江余姚河姆渡村建筑遗址。穴居，就是居住在山洞里，主要分布在黄河流域，从竖穴逐步发展到半穴居，最后被木骨泥墙地面建筑代替，具有代表性的是仰韶文化时期的西安半坡村遗址（图 2.1）。庐居是临时建筑，是游牧民族的一种居住形式。

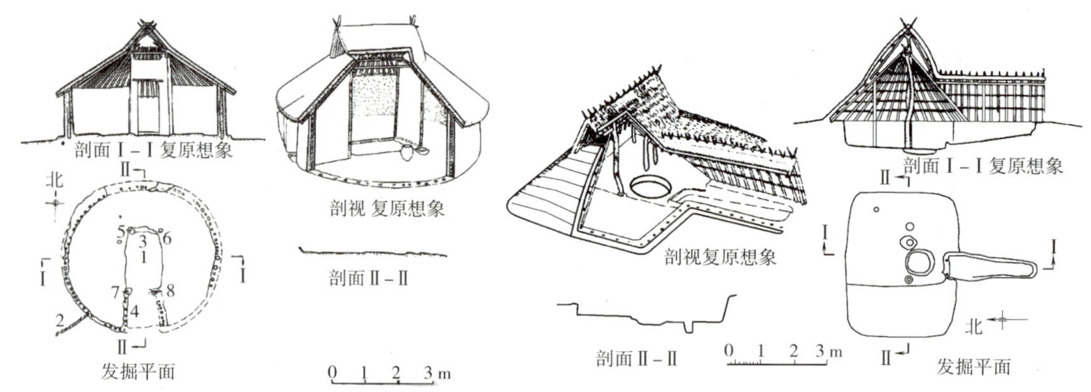

图 2.1　西安半坡村原始社会圆形和方形房屋
（图片来源：袁新华，焦涛《中外建筑史（第 3 版）》）

2）夏商周时期

夏商周时期是中国建筑的一个大发展时期。公元前 21 世纪，中国历史上出现了第一个王朝——夏。夏朝的建立，标志着中国跨入了文明时代，进入了奴隶社会。《史记》中有黄帝“筑城邑”的记载，《竹书纪年》有“夏桀作琼宫瑶台，殚百姓之财”的记述。现在已经可以通过遗址的发掘来追寻中华文明初始时期的建筑踪迹。河南偃师二里头一号宫殿遗址（图 2.2—图 2.5）是迄今发现最早、规模较大的木架夯土建筑和庭院的实例，是晚夏时期的宫殿遗址，堪称“华夏文明第一殿”。整个建筑东西长约 108 m，南北宽约 100 m。原地表不平，北高南低。整个建筑建造在低矮、平整的夯土台上。庭院北部正中的殿堂，东西长约 30.4 m，南北宽约 11.4 m，下部有宽大的夯土台基。柱洞排列整齐，组成面阔 8 间、进深 3 间的殿身平面。遗址未发现瓦片，构造方式是以茅草为屋顶，以夯土为台基。中国木结构建筑的许多特点都可以在这里找到渊源。

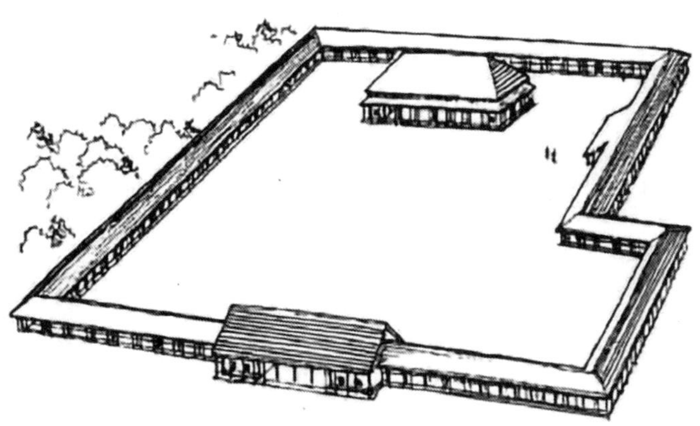

图 2.2　偃师二里头一号宫殿遗址
（图片来源：侯幼彬，李婉贞《中国古代建筑历史图说》）

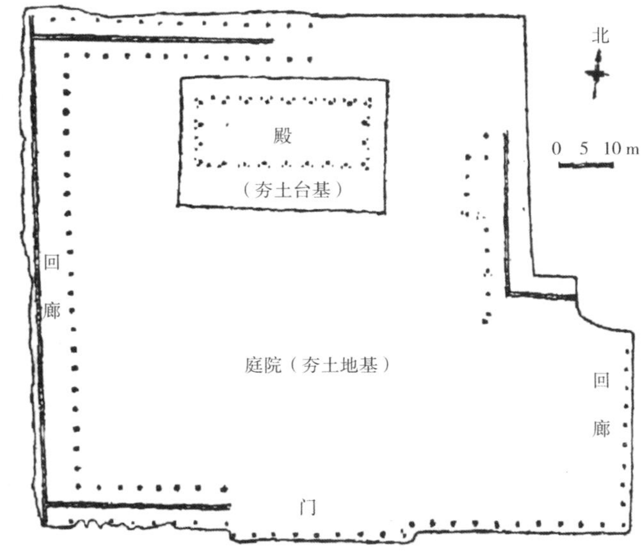

图 2.3　偃师二里头一号宫殿鸟瞰图
（图片来源：侯幼彬，李婉贞《中国古代建筑历史图说》）

图 2.4　偃师二里头一号宫殿立面
（图片来源：侯幼彬，李婉贞《中国古代建筑历史图说》）

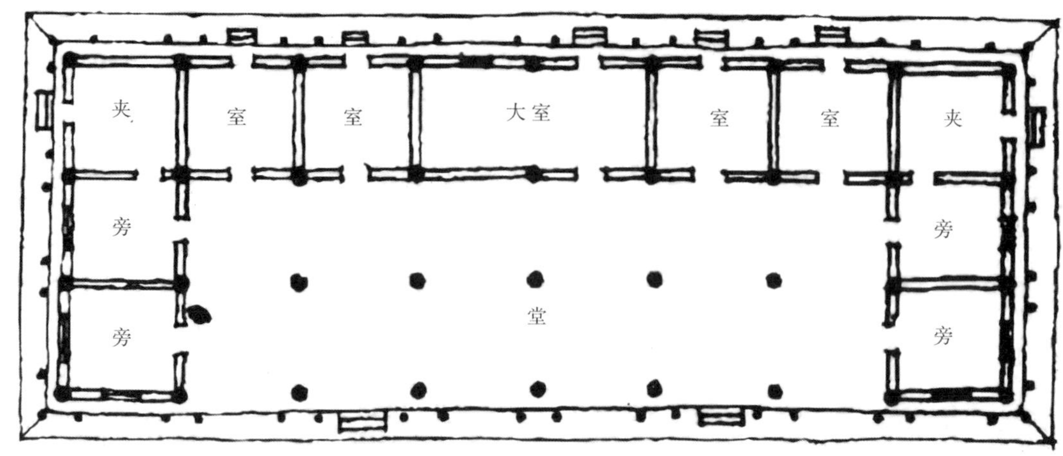

图 2.5　偃师二里头一号宫殿平面
（图片来源：侯幼彬，李婉贞《中国古代建筑历史图说》）

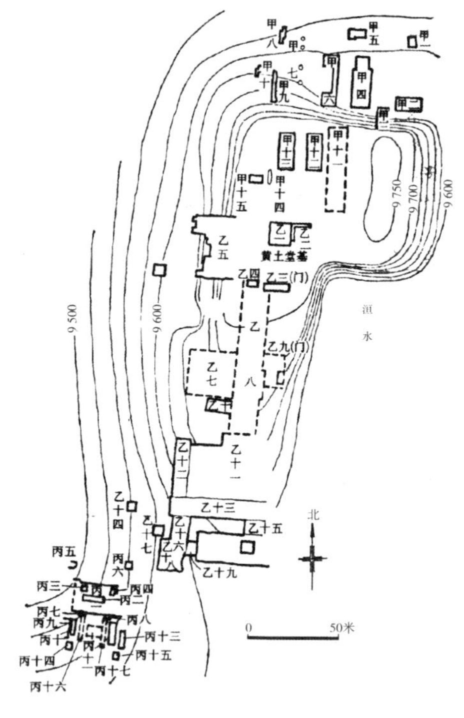

图 2.6　河南安阳小屯村殷墟遗址平面图
（图片来源：袁新华，焦涛《中外建筑史（第 3 版）》）

商朝的建筑已有较成熟的夯土技术。殷墟大墓葬的墓室都是井干式结构。宫室以晚商安阳的殷墟为典型，遗址范围约 30 km^2，宫殿区遗址大体分北、中、南三区，沿中轴顺序排列祭祀、朝廷与后宫三群建筑（图 2.6）。一般居住建筑大多为地面房屋，半穴居甚少。条状及多室建筑已相当普遍。统治阶级大大推动了宫殿、苑囿的建造。由于当时未解决木石材料的多层结构问题，因此上述建筑大多建造在高大的土台上，这就是后来所谓的“高台建筑”。在建筑材料的构造和装饰方面，商朝建筑已制作并使用了覆盖屋面的陶瓦、铺砌地表的陶砖，以及少量的金属（铜）构件。

周代的铜器展现出当时建筑的局部形象，如栌头、门、勾栏。例如，东周战国中山王墓中出土的一件铜案，四角铸出精美的斗拱形象。由此可知，周代建筑已经使用斗和拱，并已有简单的组合形式。位于山西凤雏村的凤雏西周建筑遗址（图 2.7—图 2.9）中轴线上依次为屏、门屋、前堂、穿廊和后室。它是迄今发现的最早的四合院，为两进式组群，呈完整的“前堂后室”格局。东周时期，掀起了一股“高台榭、美宫室”的建筑潮流。台榭建筑的基本特点是以阶梯形土台为核心，逐层架立木构房屋。

东周时期的建筑，也同其他艺术一样取得了很高成就。各诸侯国为了自身的生存和扩张，都不惜人力和物力来精心营造自己的都城，使之成为军事、政治、文化中心。因各国都城所处的地理位置不同，营建时因地制宜，所以各有特点，但它们在很多方面又都是一致的或者是近似的。例如，宫城都由城墙和壕沟包围，全城由宫城和郭城两部分组成，宫城的王宫处在全城中轴线最显要的位置，郭城内均有市（商业区），宫城与郭城隔开，左右对称布局，主要建筑按中轴线左右分布，等等。从建筑成就来说，当时发明了多功能的砖瓦，为建筑的发展提供了极大的便利。斗拱的发明与使用，形成了中国古典建筑特有的形式，台榭建筑是那个时代独有的建筑类型。建筑纹饰向两个极端发展：一个是由威严神秘的兽面纹变为简练的几何纹；另一个是描绘现实生活的场景。东周时期，人们开始对建筑色彩设计有了很好的认识，人们在建筑物上涂抹颜料或者进行彩绘，使得建筑物看起来更加多样化、民俗化。河北省平山县战国中山王墓中出土了一张《兆域图》，傅熹年据此图和王墓的发掘资料，绘出详细复原图。它不仅反映了当时的制图水平，还告诉人们当时的建筑是先绘制出平面图才施工的。《兆域图》生动地展示出台榭建筑组合体的庞大体量和雄大气势，也标志着战国时期大型建筑群所达到的高超规划设计水平。

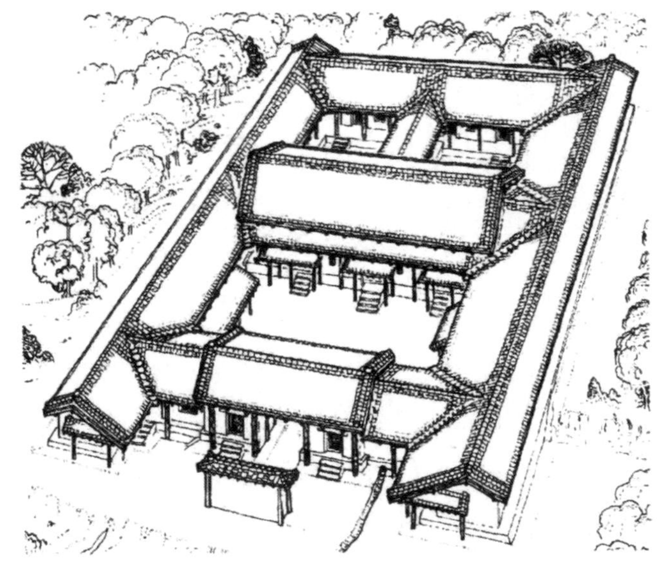

图 2.7　凤雏西周建筑鸟瞰图
（图片来源：侯幼彬，李婉贞《中国古代建筑历史图说》）

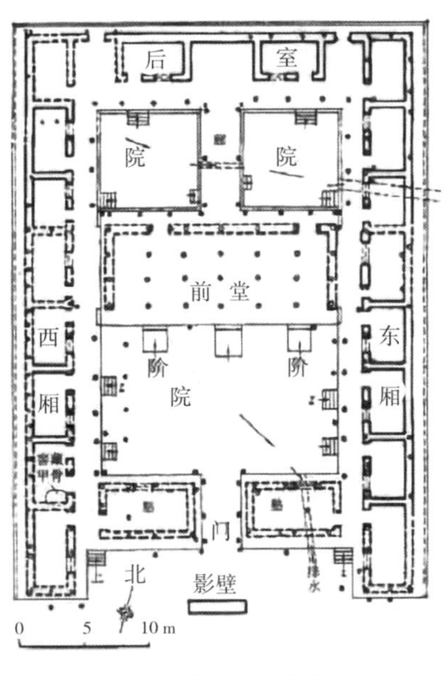

图 2.8　凤雏西周建筑平面图
（图片来源：侯幼彬，李婉贞《中国古代建筑历史图说》）

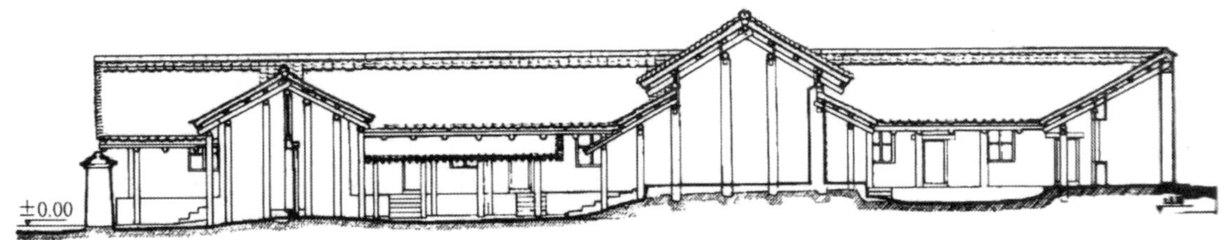

图 2.9　凤雏西周建筑纵剖面图
（图片来源：侯幼彬，李婉贞《中国古代建筑历史图说》）

在建筑装饰纹样方面，如同心圆、卷叶、饕餮、龙凤、云山、重环等纹样常见于瓦当及空心砖上。而铜器、漆器上的纹样则更加精美，如三角形、波纹、涡纹等。

在色彩方面，除柱按等级着色外，还有墙面刷白、地面涂黑的做法。

3）秦汉时期

秦汉时期，我国古代建筑有了进一步的发展。秦始皇一统天下，大兴土木，建造了规模庞大的宫殿群。秦咸阳宫遗址台体约 6 m 高，形成上、下两组殿屋。上组是使用中间立柱支撑的两层主殿，下组是使用回廊相连的生活空间，包括卧室、浴室等。阿房宫遗址有一个大土台。据当时规划，前殿可容纳万人，并有阁道直达终南山，山顶成为宫殿群大门的阙楼。阿房宫虽未建成，但是现在还能大致看出主体建筑的规模。

秦汉时期的建筑可分为屋顶、屋身和台基三个部分（图 2.10），和后代的建筑非常相似，结构、梁柱交界处的斗拱以及栏杆的形式都表现得很清楚。这说明我国古代建筑的许多主要特征在此时期形成。

抬梁式结构（屋檐下用插栱）
四川成都画像砖

穿斗式结构
广东广州汉墓明器

干阑式构造
广东广州汉墓明器

图 2.10　东汉明器中表示的房屋结构形式
（图片来源：潘谷西《中国建筑史》第五版）

秦代瓦当纹饰以莲纹、葵纹、云纹居多。秦宫遗址出土的巨型瓦当纹饰以动物变形为图案，与铜器、玉器纹饰风格相近。纹饰主要有米格纹、太阳纹、平行线纹、小方格纹等，以及展现游猎和宴客等场景的画面，也有用于台阶或壁面的龙纹、凤纹和几何形纹的空心砖。有的秦砖上刻有文字，字体瘦劲古朴，这种古砖十分少见。汉代瓦当以动物纹饰最为优秀，除了造型完美的青龙、白虎、朱雀、玄武四神，还有展现狩猎、乐舞、宴饮、杂技、驯兽等活动的画面。

秦代的彩绘有了进一步的发展。汉代将色彩与阴阳五行理论相联系，并用色彩代表五行及方位，色彩上运用红、绿、黑、黄、紫等各种颜色。

4）魏晋南北朝时期

魏晋南北朝时期，由于政治不稳定，战乱频仍，社会生产的发展较汉代缓慢一些，这种影响也体现在建筑上。这一时期，东南地区城市建设和建筑活动兴起，佛教建筑盛行。佛教的传入带动了佛教建筑的发展，出现了高层佛塔的建筑形制。外来文明还带来了印度、中亚一带的雕刻、绘画艺术。这一时期，皇家园林和私家园林并立的格局开始形成。由于“胡坐”的传入，中国家具从适应席地而坐的矮足型开始向适应垂足而坐的高足型转变，由此引发了中国建筑室内空间和室内景观的变化。建筑风格总体趋于圆润，较为成熟。这一时期，楼阁式建筑相当普遍，平面多为方形。

以北魏洛阳永宁寺塔(图2.11—图2.13)为例。永宁寺塔建于北魏熙平元年(公元516年)，矗立在北魏国都洛阳城内，现已不存。据杨衒之《洛阳伽蓝记》记述，永宁寺塔为木结构，高9层，一百里外都可看见。据其他记载，永宁寺塔高约136.71 m，加上塔刹，通高约147 m。塔刹上有相轮30重，周围垂金铃，再上为金宝瓶。宝瓶下有铁索四道，引向塔的四角，索上也悬挂金铃。塔的装饰十分华丽，柱子围以锦绣，门窗涂红漆，门扉上有五行金钉，并有金环铺首。永宁寺塔基础由夯土筑成，百米见方，上有青石台基。塔身四角加厚成墩，十分稳定。

魏晋南北朝时期，佛教传入，建筑的外观色彩耀眼，即使是同一种颜色，也有深浅、明暗的变化。琉璃瓦开始出现，呈黄、绿色。

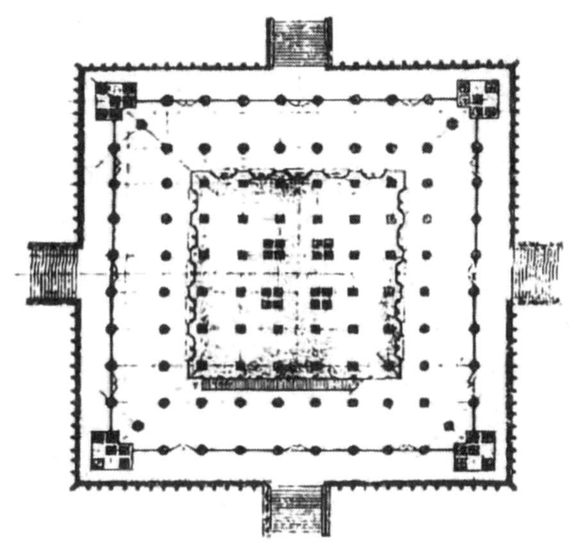

图2.11　北魏洛阳永宁寺塔平面
(图片来源：杨鸿勋)

图2.12　北魏洛阳永宁寺塔剖面
(图片来源：杨鸿勋)

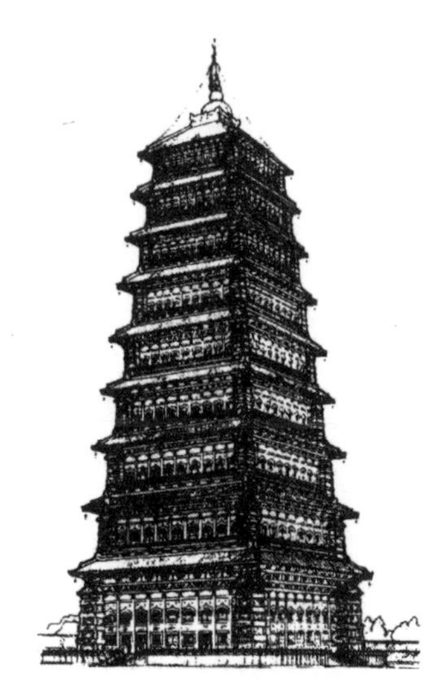

图2.13　北魏洛阳永宁寺塔外观
(图片来源：杨鸿勋)

5）隋唐时期

隋唐时期是中国封建社会经济文化发展的高潮时期，建筑技术和艺术也有了巨大发展。隋唐建筑的风格特点是气势雄伟，严整开朗。

在单体建筑方面，自南北朝中后期出现的使用侧脚、生起、翼角、凹曲屋面的手法更为成熟，做法开始规范化。风格由汉式直线形的端严雄强变为由曲线和斜度微有变化的直线形的流丽遒劲且更富有韵律。这时的艺术处理多在构件上进行，如柱身做成梭形、八角形，梁做成中间微拱起、底背均是弧线的虹梁，挑檐和承室内顶棚的斗拱做出内凹或外凸的弧面，使其组合更加协调。庑殿、歇山、悬山、攒尖、圆锥等屋顶形式均已出现，宫殿屋顶使用经渗碳处理的黑瓦，用黄、绿色琉璃做屋脊和檐口，色彩鲜明，和屋身的朱柱、绿窗、白墙形成唐代建筑最典型的色调。为了使所用的曲线规格化，这时还出现了“卷杀”的手法，把曲线的两轴分别划分为三至五段，形成近似所需曲线的折线。

隋唐时期的建筑在组合上也有较大的发展，在主建筑的四面都可接建，左右侧的称“挟屋”，前后侧的称“对垒”，局部向前后突出的称“龟头屋”。不仅是单层建筑，楼阁也可建成组合体。唐代建筑中最著名的组合体是大明宫麟德殿，在唐代敦煌壁画中也可以看到组合体的形象。组合体由若干辅翼的次要建筑簇拥主体，屋檐或曲折绵延，或上下叠压，翼角错落，屋身有大有小，虚实结合，比单体建筑更富有艺术表现力。

院落式布局是指在主体建筑前方建门，左右建附属建筑，用廊庑环绕形成封闭院落。大型建筑群由多个院落组成，且有一个主院落。院落布局的优点是：主建筑面向庭院，不直接对外；可按需要设计院落的形状，产生开敞、幽邃、严肃、活泼等不同环境效果；可通过门和道路组织最佳观赏路线；可通过重重廊庑增强纵深感。院落式布局在隋唐时期已完全形成，并沿用到明清，成为中国古建筑最具特色的部分。

山西佛光寺（图 2.14、图 2.15）创建于北魏孝文帝时期，隋唐时香火兴盛，在日本、东南亚地区颇有影响。东大殿（图 2.16—图 2.18）在佛光寺内东向山腰，雄伟古朴，居高临下，俯瞰全寺，为寺内主要建筑。根据殿前石幢刻字与殿内梁架上题记可知，东大殿于唐大中十一年（公元 857 年）在弥勒大阁旧址上重建。殿前基址甚高，有片石砌筑，其上筑以台基。殿身面宽七间，进深四间，单檐四阿顶形制。殿内天花板将梁架分为明状（露明梁架）和草状（隐蔽梁枋）两部分。梁枋规整，结构精巧，局部还保存有早期彩绘痕迹。殿顶全用板瓦仰俯铺盖，脊兽全为黄绿色琉璃艺术品，一对高大的琉璃鸱吻矗立在正脊两端，使殿宇更壮丽。

佛光寺东大殿的建筑、雕刻、绘画都达到了相当高的水平，建筑木结构外露部分都用了朱红， 墙面用白粉，采用赤红与白色的组合方式，红白衬托，鲜艳夺目，简洁明快。

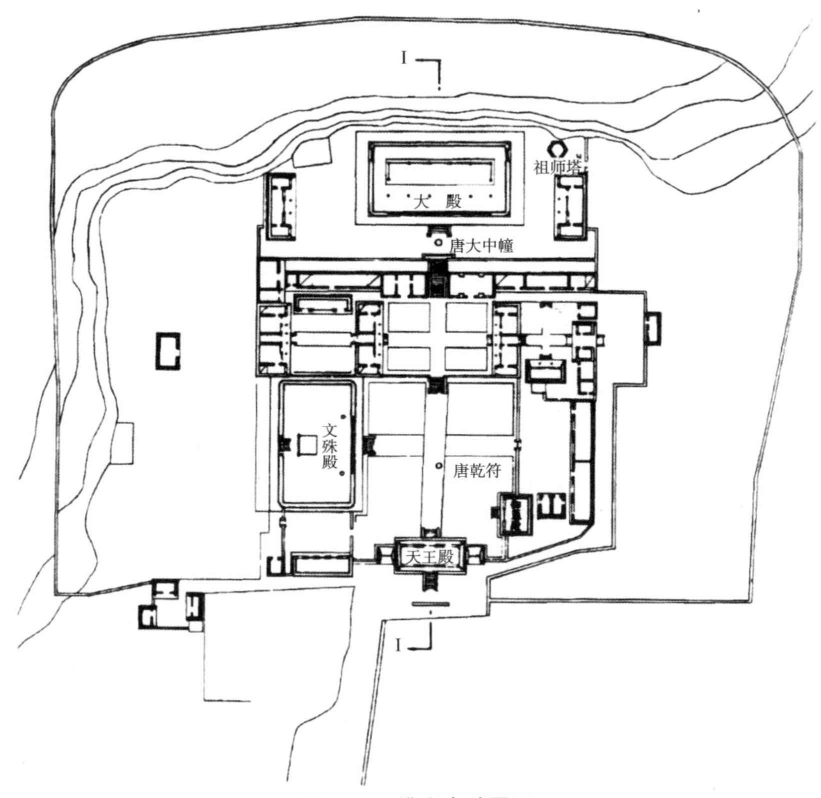

图 2.14　佛光寺总平面
（图片来源：侯幼彬，李婉贞《中国古代建筑历史图说》）

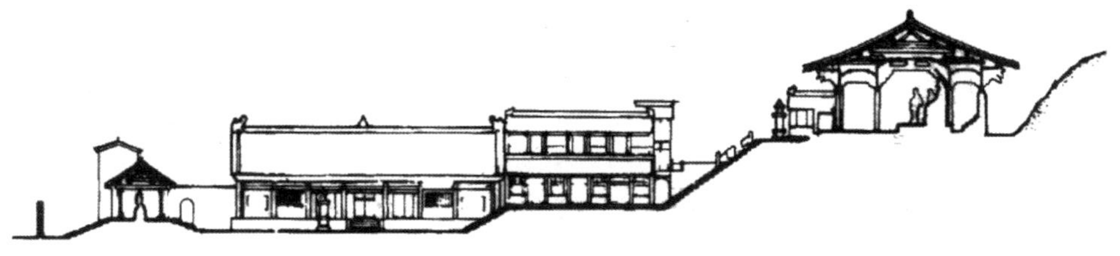

图 2.15　佛光寺总剖面
（图片来源：侯幼彬，李婉贞《中国古代建筑历史图说》）

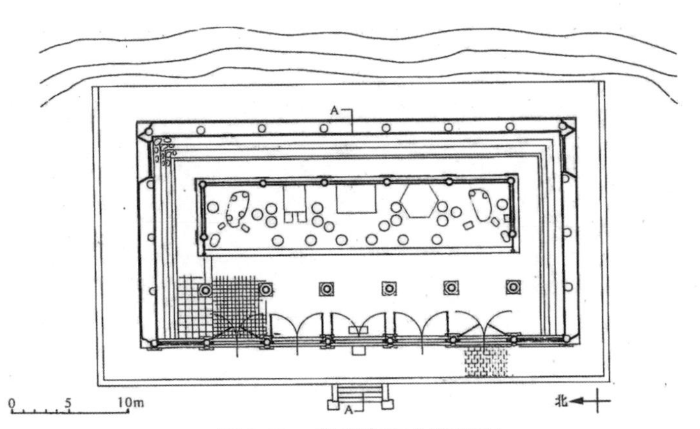

图 2.16　佛光寺东大殿平面
（图片来源：侯幼彬，李婉贞《中国古代建筑历史图说》）

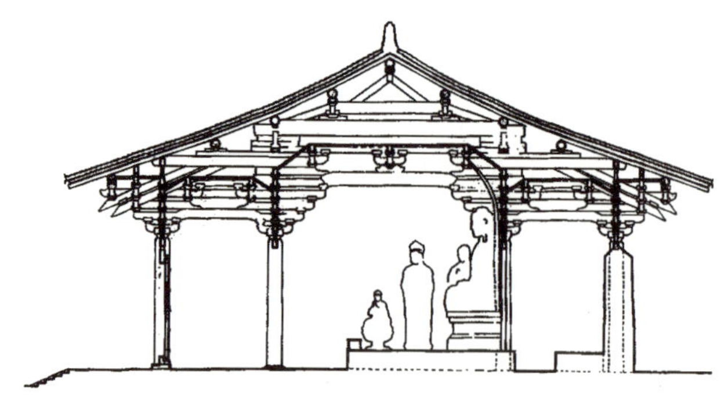

图 2.17　佛光寺东大殿横剖面
（图片来源：侯幼彬，李婉贞《中国古代建筑历史图说》）

图 2.18　佛光寺东大殿立面
（图片来源：侯幼彬，李婉贞《中国古代建筑历史图说》）

6）宋朝

宋朝的建筑构造与造型技术达到了很高的水平，建筑方式也日渐趋向系统化与模块化，建筑物慢慢出现了自由多变的组合，形成成熟的风格并且拥有更专业的外形。为了增强室内的空间感，并提高采光度，宋朝建筑采用了减柱法和移柱法，出现了不规整形的梁柱铺排形式，跳出了唐朝梁柱铺排的工整模式。

宋朝建筑类型多样，其中杰出的建筑有佛塔、石桥、木桥、皇陵与宫殿等。建筑的屋脊、屋角有起翘之势，给人一种轻柔的感觉。大量使用油漆，颜色十分突出。窗棂、梁柱以及石座上的雕刻与彩绘变化十分丰富，柱子造型更是多种多样（图 2.19）。

图 2.19　清明上河图

数千年来，建筑智慧多依靠口耳相传或子承父业得以传承，关于建筑的文献亦早已存在，传世的中国画中描绘的建筑物也让历史学家能更好地了解宋朝建筑的形制。宋朝的建筑文献《营造法式》对施工和度量的描述非常深入，比之前的文献更有组织性，为后世的建筑修建提供了可靠依据。宋朝设立了专门负责建筑营造的官职与机构——将作监，以掌管宫室建筑，使建筑技术的传承更加系统。

宋朝建筑强调色彩的冷暖变化，重视色彩的整体构图与局部的映衬关系。

7）辽、金、元时期

辽、金、元时期，中国南北建筑风格逐渐产生差异，但都趋向华美繁复、细腻精致，发展出多种装饰手法。

辽上京、中京城遗迹尚存，辽陵在上京附近。辽南京城是明清北京城的雏形，附近有大批辽墓、辽塔（如北京天宁寺塔、易县太宁寺塔、涿州智度寺塔等）。从天津市蓟州区独乐寺山门和观音阁木构楼阁（图 2.20）可以清楚地看到辽对唐代建筑的继承关系。辽宁义县的辽代奉

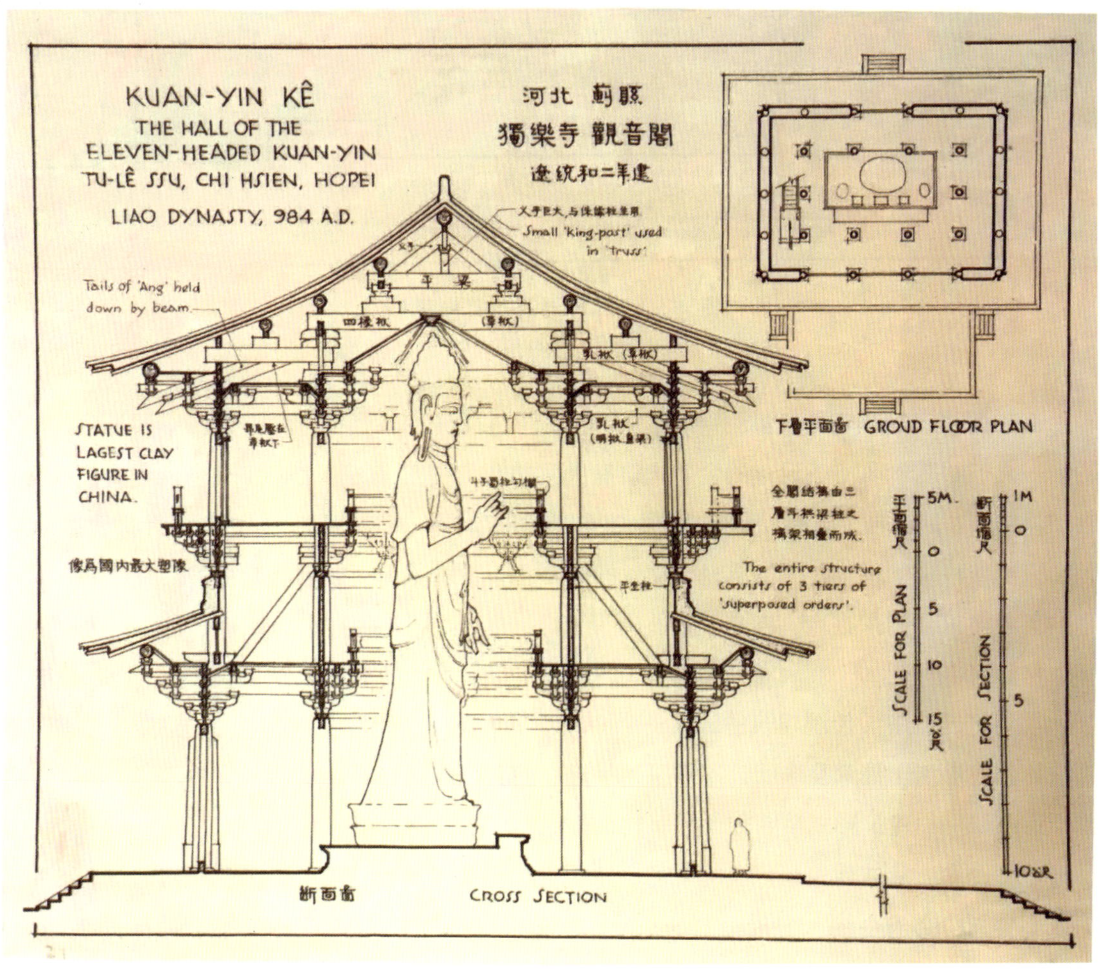

图 2.20 天津市蓟州区独乐寺观音阁
（图片来源：梁思成）

国寺大殿，是现存古代最大木构建筑之一。辽西京大同及其附近 ，留存下来一批珍贵的辽代木构建筑，如大同华严寺下寺薄伽教藏殿、善化寺大殿（图 2.21）以及应县佛宫寺释迦塔等。释迦塔屹立近千年，为中国仅存的大型木塔。总之， 辽朝建筑保留了强烈的唐代风格。

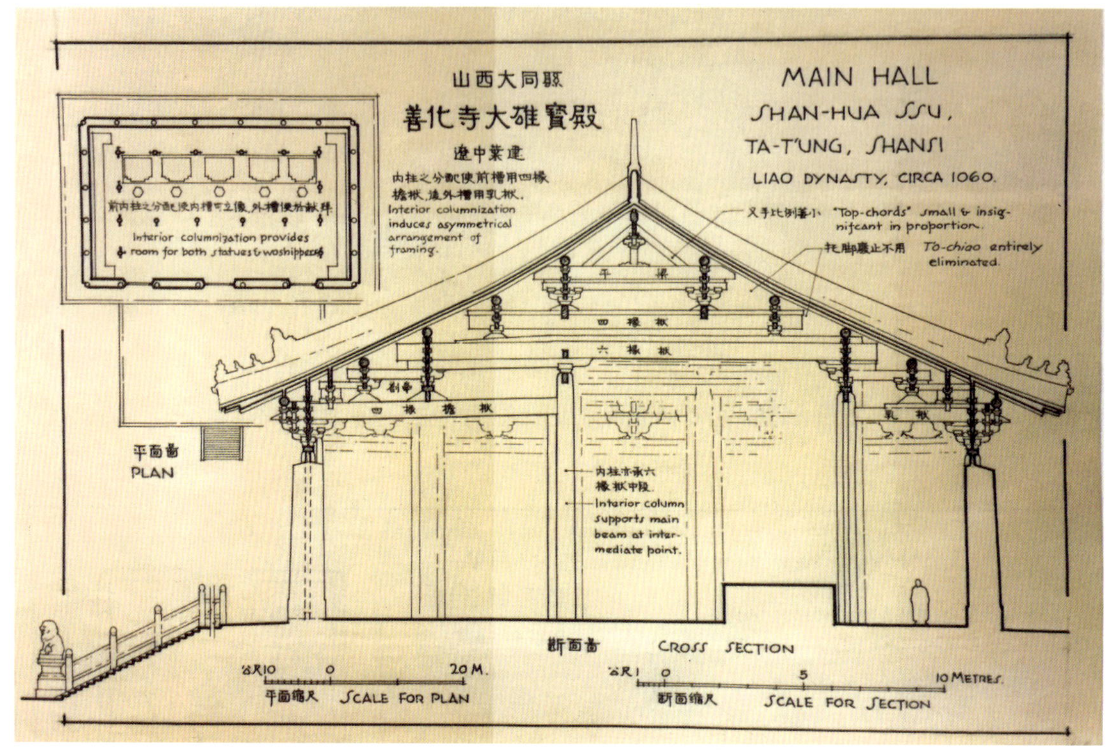

图 2.21 山西省大同市善化寺大殿

（图片来源：梁思成）

金中都建筑规模宏伟，宫殿用汉白玉为台基栏杆，绿琉璃瓦色彩强烈，装饰华丽，形成了元、明宫殿建筑的基本风格。现存的金朝建筑有大同善化寺的三圣殿和山门、五台佛光寺文殊殿、朔州崇福寺、繁峙岩山寺等。金朝建筑颇富创造性，所谓“制度不经”， 如采用大额承重梁架，大量采用减柱法、移柱法（如佛光寺文殊殿、崇福寺弥陀殿等），对元朝建筑颇有影响。

元朝建筑上承宋辽金，下启明清，有很大成就。

8）明清时期

明清建筑是中国传统建筑的最后一个高峰，呈现出形体简练、细节烦琐的形象。官式建筑斗拱比例缩小，出檐深度降低，不再采用生起、侧脚、卷杀，屋顶柔和的线条消失，呈现出稳重严谨的风格，建筑形式精练化，符号性增强。

明清时期，官式建筑已完全标准化。清朝修订了一部建筑法典——《工程做法》。此书由清工部会同内务府主编，于雍正十二年（1734 年）刊行，是继宋朝《营造法式》之后又一部官方颁布的、较为系统完整的古代营造术书。

由于制砖技术的提高，此时期用砖建的房屋增多，且城墙基本都以砖包砌，大型建筑也出现了砖建的“无梁殿”。各地区建筑的发展，使区域特色开始明显。明清时期有代表性的建筑有北京故宫、盛京宫殿、北京天坛、北京地坛、北京社稷坛、北京太庙、八达岭长城（图 2.22、图 2.23）、北京皇城御园、承德避暑山庄、北京颐和园以及苏州拙政园、留园等。

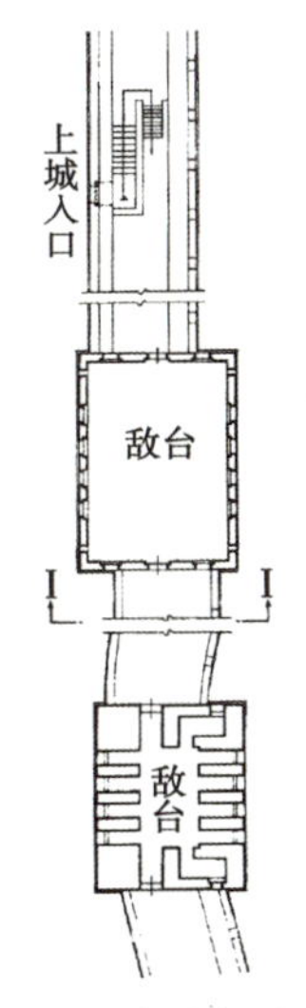

图 2.22 八达岭长城平面图
（图片来源：侯幼彬，李婉贞《中国古代建筑历史图说》）

图 2.23 八达岭长城立面图
（图片来源：侯幼彬，李婉贞《中国古代建筑历史图说》）

明西安城墙始建于明洪武三年至十一年（1370—1378 年），是在唐长安皇城的基础上扩建而成的，明隆庆四年（1570 年）又加砖包砌，留存至今。明西安城的西、南两面城墙基本和唐长安皇城的城垣相同，东、北两面墙向外扩移了约 1/3。城墙高 12 m，顶宽 12~14 m，底宽 15~18 m。城呈长方形，南垣长 4 255 m，北垣长 4 262 m，东垣长 1 886 m，西垣长 2 708 m，周长约 13.7 km。城四面各筑一门，每座城门门楼三重：闸楼在外，箭楼居中，正楼居里，为城的正门。箭楼与正楼之间用围墙连接，形成瓮城。在城墙四角各筑角楼一座。城墙上还有 98 个敌台，台上筑有敌楼，供士兵躲避风雨和储存物资用。城墙顶部外侧还修有雉堞（垛墙），共 5 984 个，上有垛口，供射箭和瞭望用；内侧修有女墙，无垛口，以防行人坠落。城外有护城河环绕。

明清时期，建筑色彩的等级区分更加明确。清代的宫殿、庙宇色彩丰富而绚丽，多用油漆、彩绘装饰，青、绿、红等色运用广泛。而同一时期的民间建筑则尽显质朴、淡雅的风格。

2.1.2 中国古代建筑基本特征

1）建筑外形的特征

中国古代建筑外形的特征最为显著，它们都具有屋顶、屋身和台基三部分。这种独特的外形是建筑功能结构和艺术相结合而产生的。

2）建筑结构的特征

中国古代建筑主要采用木构架结构。木构架建筑的主要结构部分被称为“大木作”，是木建筑形体和比例尺度的决定因素，由柱、梁、枋、檩、斗拱等构件组成（图 2.24）。木构架是屋顶和屋身部分的骨架，基本做法是以立柱和横梁组成结构，四根柱子组成一间，一栋房子由若干间组成。柱子之间填筑门窗和围护墙壁，形成屋身。屋顶部分采用梁架重叠，逐层缩短，逐级加高，柱上承檩，檩上排椽，构成屋顶的骨架，也是屋顶坡面举架的做法。斗拱是在屋顶与屋身间过渡的构件，是中国木构架建筑中特有的构件，作用是承托屋面荷载并将其传递给柱，同时也具有装饰性。斗拱由若干方木和横木垒叠而成，用以支撑深远的屋檐，并把其重量集中到柱子上。

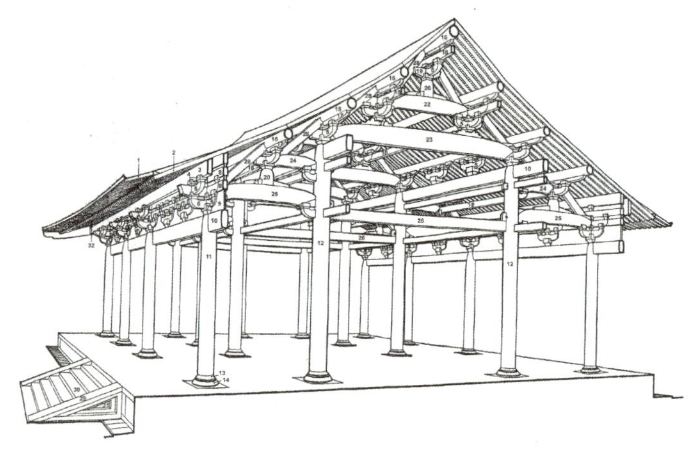

图 2.24　宋朝《营造法式》厅堂大木作示意图
（图片来源：侯幼彬，李婉贞《中国古代建筑历史图说》）

3）建筑群落的特征

中国古代建筑一般都是由单体建筑与围墙、廊子等围合成院落，再由院落组成建筑群。院落作为建筑群的组合单元，往往以庭院为中心布置建筑物，每个建筑物的正面均面向院子，并设置门窗，形成廊院、三合院［图 2.25（a）］、四合院［图 2.25（b）］等。群体组合主要是

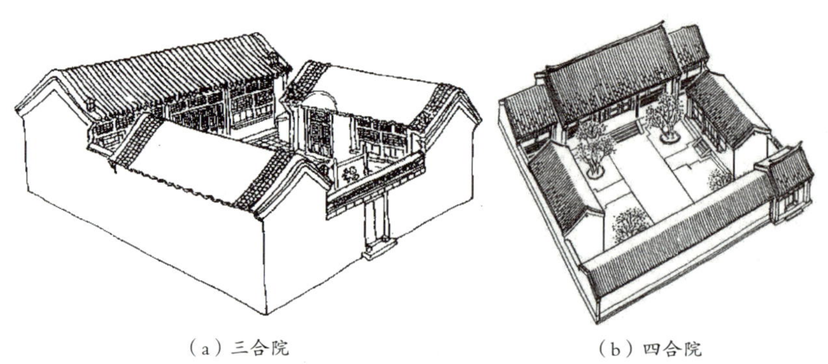

（a）三合院　　（b）四合院

图 2.25　三合院和四合院示意图
（图片来源：袁新华，焦涛《中外建筑史（第 3 版）》）

沿纵深方向布局，沿一条或多条轴线，对称布置一连串形状与大小不同的院落和建筑物，从而烘托出不同的环境氛围，并使主体建筑显得格外宏伟壮丽。紫禁城平面图如图 2.26 所示。

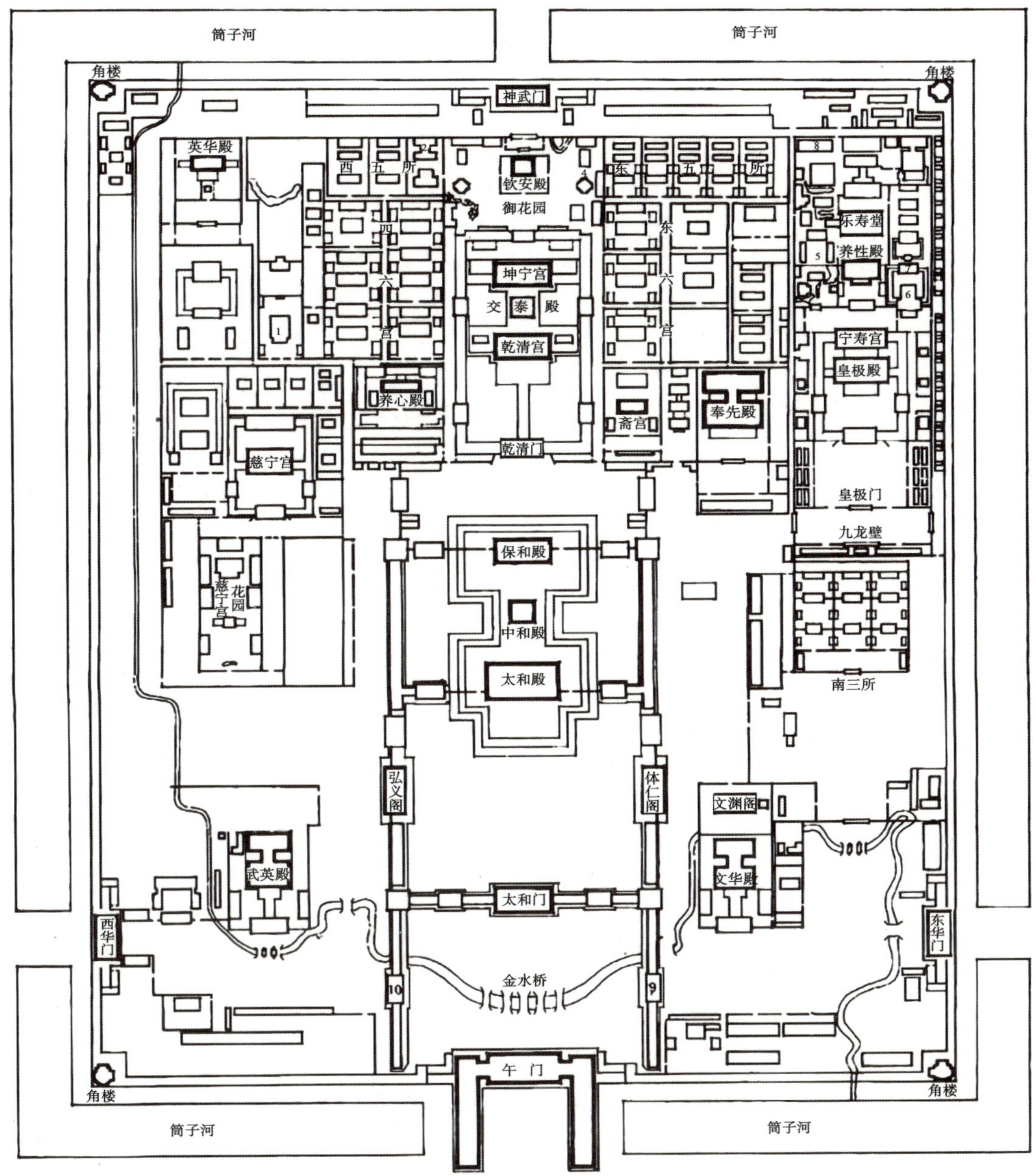

图 2.26　明清北京紫禁城总平面图
（图片来源：侯幼彬，李婉贞《中国古代建筑历史图说》）

4）建筑装饰和色彩的特征

我国古代建筑的装饰细部有梁枋、斗拱、檩椽等，经过艺术加工而发挥其装饰作用，如吻兽、斗拱、卷杀、瓦当、滴水、搏风、墀头、雀替、彩画、匾额、门簪、门钉以及棂格等（图 2.27）。

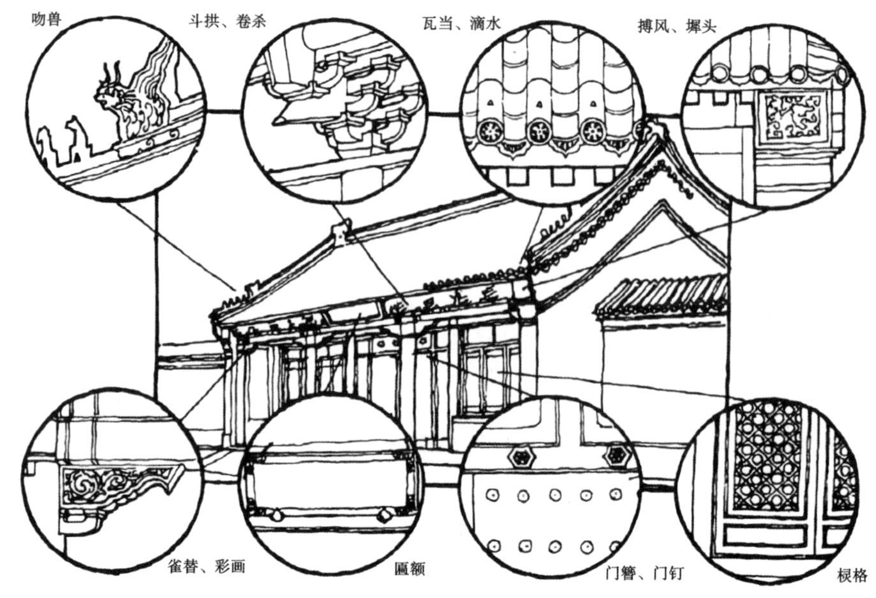

图 2.27　古代建筑装饰细部
（图片来源：袁新华，焦涛《中外建筑史（第 3 版）》）

色彩的使用也是我国古代建筑最显著的特征之一。黄色琉璃瓦顶，朱红色屋身，白色石台基，各部分轮廓鲜明。

和玺彩绘是最高等级的彩绘。其构图严谨，图案复杂，一般只用于宫殿、坛庙等大型建筑物的主殿，普通建筑是没有这种高级装饰的。故宫太和殿梁枋上的彩绘都是和玺彩绘（图 2.28）。

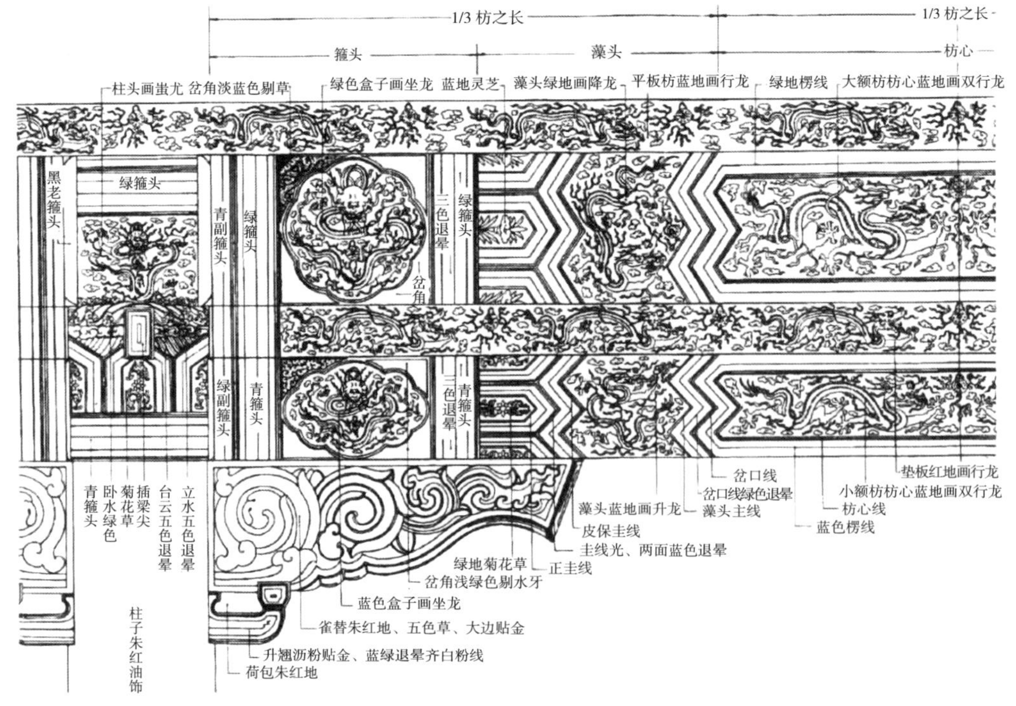

图 2.28　和玺彩画
（图片来源：侯幼彬，李婉贞《中国古代建筑历史图说》）

和玺彩绘根据建筑的规模、等级与使用功能，分为金龙和玺、金凤和玺、龙凤和玺、龙草和玺及苏画和玺五种，它们根据所绘制的彩绘内容而定名。

2.2　西方古典建筑

2.2.1　西方古典建筑概述

1）古埃及建筑

埃及位于非洲东北部尼罗河下游，是古埃及文明的发源地。古埃及建筑分为三个主要时期：一是古王国时期的建筑，以举世闻名的金字塔为代表。古埃及的建筑师们用庞大的规模、简洁沉稳的几何形体、明确的对称轴线和纵深的空间布局来凸显金字塔的雄伟、庄严与神秘。公元前三千纪中叶，在吉萨建造的三座大金字塔（图 2.29）是古埃及金字塔的代表。二是中王国时期的建筑，以石窟陵墓为代表。这一时期已采用梁柱结构，能建造较宽敞的内部空间。建于公元前 2 000 年前后的曼都赫特普三世墓是典型实例。三是新王国时期的建筑，以神庙为代表。它主要由围有柱廊的内庭院、接受臣民朝拜的大柱厅和只许法老和僧侣进入的神堂密室三部分组成。规模最大的是卡纳克神庙（图 2.30）。

图 2.29　吉萨金字塔群

（图片来源：陈志华《外国建筑史（19 世纪末叶以前）》）

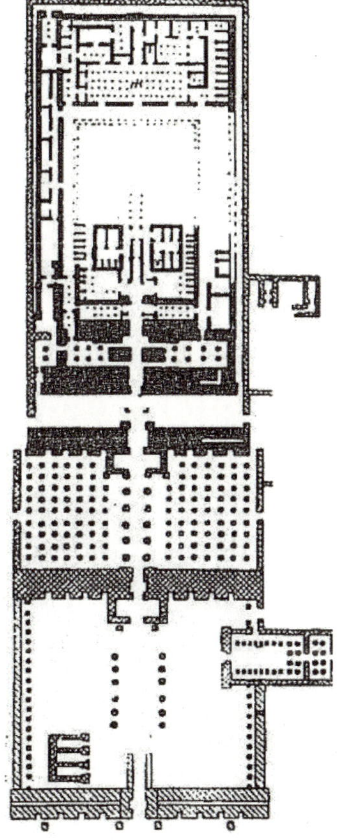

图 2.30　卡纳克神庙平面

（图片来源：陈志华《外国建筑史（19 世纪末叶以前）》）

2）古希腊建筑

公元前 8 世纪起，在巴尔干半岛、小亚细亚西岸和爱琴海的岛屿上建立了很多小的奴隶制国家，它们向外移民，又在意大利、西西里和黑海沿岸建立了许多国家。它们之间的政治、经济、文化关系十分密切，总称为古希腊。

古希腊建筑对后世影响最大的是其在庙宇建筑中所形成的一种非常完美的建筑形式。它用石制的梁柱围绕长方形的建筑主体，形成一圈连续的围廊，柱子、梁枋和梁坡顶的山墙共同构成建筑的主要立面。经过几百年的不断演变，这种建筑形式达到了完美的境地，基座、柱子和屋檐等各部分之间的组合都具有一定的格式，称作“柱式”。柱式的出现对欧洲后来的建筑有很大的影响。

雅典卫城是古希腊最杰出的建筑群，是综合性的公共建筑。雅典卫城面积约 4 km^2，建在一个陡峭的山岗上，仅西面有一通道盘旋而上。建筑物分布在山顶的一个天然平台上。卫城的中心是雅典城的保护神——雅典娜的铜像，主要建筑是膜拜雅典娜的帕特农神庙（图 2.31），建筑群布局自由，高低错落，主次分明。无论是身处其间还是从城下仰望，都可以看到较完整的、丰富的建筑艺术形象。帕特农神庙位于卫城最高点，体量最大，造型庄重，其他建筑处于陪衬地位。卫城南坡是平民的活动中心，有露天剧场和长廊。神庙四周由 48 根带半圆凹槽和锥形柱头的多立克式大理石圆柱支撑。三层柱廊上支撑的大理石条石额枋屋檐，由带竖条的石板和带浮雕的石板间隔组成。东西两端檐部之上是饰有高浮雕的三角形山花。神庙外观整体协调，气势宏伟，给人以稳定坚实、典雅庄重的感觉。通过两道柱廊，人们进入神庙内的“百步大厅”，这里曾经坐落着 12.8 m 高的雅典娜神像。神庙在建筑美学方面有其独到之处，东西两端的基础和檐部呈翘曲线状，营造视觉上宏伟高大的效果。伊瑞克提翁神庙是雅典卫城建筑群中最后完工的一座建筑，以其复杂生动的形体和精致完美的细部装饰著称于世。作为建筑性装饰雕塑的女像柱廊（图 2.32），是伊瑞克提翁神庙中最为人们所称道的雕塑作品，被认为是古希腊最优美的女像柱。女像柱廊位于神庙的南侧，共有六根柱子，是建筑和雕塑美妙结合的典范之作。各雕像都是一条腿微屈，另一条腿支撑身体的重心，身形的姿态和谐优美，既稳重又不呆板。这六根柱子上的雕像都是古希腊少女的形象， 姿态优雅，宁静而秀美，具有稳定感和力量感。

图 2.31 帕特农神庙
（图片来源：刘玥玮摄）

图 2.32 伊瑞克提翁神庙的女像柱
（图片来源：刘玥玮摄）

3）古罗马建筑

古罗马建筑是古罗马人沿袭亚平宁半岛上伊特鲁里亚人的建筑技术，继承古希腊建筑成就，在建筑形式、技术和艺术方面广泛创新的成果。古罗马建筑在公元 1—3 世纪为极盛时期，达到西方古典建筑的高峰。

古罗马建筑的类型很多，有宗教建筑，也有皇宫、剧场、角斗场、浴场等公共建筑。居住建筑有内庭式住宅、内庭式与围柱式院相结合的住宅，以及高层公寓式住宅。

古罗马世俗建筑的形制相当成熟，与功能结合得很好。例如，古罗马帝国各地的大型剧场，观众席平面呈半圆形，逐排升起，以纵过道为主、横过道为辅。观众按票号从不同的入口、楼梯到达各区座位。人流不交叉，聚散方便。舞台高起，前有乐池，后面是化妆楼。化妆楼的立面便是舞台的背景，两端向前凸出，形成台口的雏形，已与现代大型演出性建筑的基本形制相似。

古罗马多层公寓常为标准单元。一些公寓底层设商店，楼上住户有阳台。这种形制同现代公寓大体相似。从剧场、角斗场、浴场和公寓等形制来看，当时的建筑技术已经相当发达。

古罗马建筑能满足各种复杂的功能要求，依靠拱券结构获得宽阔的内部空间。巴拉丁山上的弗莱维王朝宫殿主厅的筒形拱跨度达 29.3 m，万神庙穹顶的直径达 43.3 m。公元 1 世纪中叶，出现了十字拱，它覆盖方形的建筑空间，把拱顶的重量集中到四角的墩子上，不再需要连续的承重墙，空间因此更为开敞。将几个十字拱同筒形拱、穹隆组合起来，能够覆盖复杂的内部空间。古罗马帝国的皇家浴场就是这种组合的代表作。

以古罗马斗兽场（图 2.33—图 2.36）为例。斗兽场长轴 188 m、短轴 156 m，中央的表演区长轴 86 m、短轴 54 m。观众席约有 60 排座位，逐排升起，分为 5 个区。斗兽场立面高 48.5 m，分为 4 层，下 3 层各有 80 个圆拱，第 4 层为实墙。

图 2.33　古罗马斗兽场外观
（图片来源：刘玥玮摄）

图 2.34　古罗马斗兽场的券廊
（图片来源：刘玥玮摄）

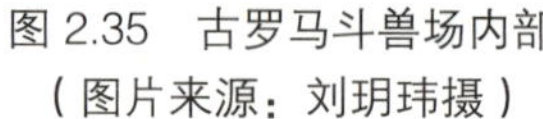

图 2.35　古罗马斗兽场内部
（图片来源：刘玥玮摄）

图 2.36　古罗马斗兽场内部
（图片来源：刘玥玮摄）

拱券结构得到推广是因为使用了强度高、施工方便、价格便宜的火山灰混凝土。约在公元前 2 世纪，这种混凝土成为独立的建筑材料，到公元前 1 世纪，它几乎完全代替石材，用于建筑拱券，也用于筑墙。

古罗马巴尔贝克太阳神庙周围有 45 根柱子，每根高约 19.6 m，底径约 2 m，都是用整块花岗石加工而成的。在神庙后墙 8 m 高处，砌有 3 块各约 500 t 的大石块，可见当时起重能力之强。

据维特鲁威《建筑十书》记载，剧场的座位下埋有铜质的共鸣瓮，以改善音质。此外，在公元 1 世纪中叶，古罗马人就已经在窗上安装几十厘米见方的、透明度很高的平板玻璃。

古罗马建筑艺术成就很高，大型建筑物风格雄浑凝重，构图和谐统一，形式多样。古罗马人开拓了新的建筑艺术领域，丰富了建筑艺术手法。其中比较重要的是新创了拱券覆盖下的内部空间。例如，有庄严的万神庙的单一空间，有层次多、变化大的皇家浴场的序列式组合空间，还有巴西利卡的单向纵深空间。有些建筑物内部空间艺术处理的重要性超过了外部体形。此外，古罗马人还发展了古希腊柱式的构图，使之适应性更强（图 2.37）。最有意义的是，古罗马人

图 2.37　古罗马柱式
（图片来源：袁新华，焦涛《中外建筑史（第 3 版）》）

还创造出柱式同拱券的组合形式，如券柱式和连续券，既用作结构，又用作装饰。帝国各地的凯旋门大多是券柱式构图，还出现了由各种弧线组成的平面且采用拱券结构的集中式建筑物。

4）罗曼建筑

罗曼建筑是 10—12 世纪欧洲基督教流行地区的一种建筑形式。罗曼建筑形式多见于修道院和教堂。

罗曼建筑承袭初期基督教建筑，采用古罗马建筑的一些传统形式，如半圆拱、十字拱等，有时也用简化的古典柱式和细部装饰。经过长期的演变，罗曼建筑逐渐用拱顶取代了初期基督教堂的木结构屋顶，在对古罗马建筑的拱券技术不断进行试验和发展的基础上，采用扶壁以平衡沉重拱顶的横推，后来又逐渐用骨架券代替厚拱顶。出于向圣像、圣物膜拜的需要，在东端增设若干小礼拜室，平面形式渐趋复杂。

罗曼建筑的典型特征是：墙体巨大而厚实，墙面用连列小券；门窗洞口用同心多层小圆券，以减少沉重感；西面有钟楼；中厅大小柱有韵律地交替布置；窗口窄小，在较大的内部空间营造神秘气氛。朴素的中厅与华丽的圣坛形成对比，中厅与侧廊较大的空间变化打破了古典建筑的均衡感。

随着罗曼建筑的发展，中厅越来越高。罗曼建筑作为一种过渡形式，它不仅把沉重的结构与垂直上升的动势结合起来，而且在建筑史上第一次成功地把高塔组织到建筑的完整构图之中。罗曼建筑的著名实例有意大利比萨主教堂建筑群（图 2.38）、德国沃尔姆斯主教堂等。

图 2.38　意大利比萨主教堂建筑群
（图片来源：赵巍摄）

5）哥特式建筑

哥特式建筑是 11 世纪下半叶源于法国、13—15 世纪流行于欧洲的一种建筑形式。它多见于天主教堂，也影响到世俗建筑。哥特式建筑以其高超的技术和艺术成就在建筑史上占有重要地位。哥特式教堂的结构体系由骨架券和飞扶壁组成。骨架券是指在一个正方形或长方形平面四角的四个柱子上的双圆心尖券，四条边和两条对角线上各有一道尖拱；屋面石板架在券上，

图 2.39　巴黎圣母院
（图片来源：罗小未，蔡琬英《外国建筑历史图说》）

形成拱顶。采用这种方式，可以在不同跨度上做出矢高相同的券，拱顶质量轻，交线分明，减少了券脚的推力，简化了施工。飞扶壁由侧厅外面的柱墩发券，平衡中厅拱脚的侧推力。为了增强稳定性，常在柱墩上砌尖塔。由于采用了尖券、尖拱和飞扶壁，哥特式教堂的内部空间高旷。装饰细部如华盖、壁龛等也都用尖券作主题，建筑风格与结构手法形成一个有机的整体。

法国早期哥特式教堂的代表如巴黎圣母院（图 2.39—图 2.41）。11 世纪下半叶，哥特式建筑首先在法国兴起。当时法国的一些教堂已经出现肋架拱顶和飞扶壁的雏形。一般认为第一座真正的哥特式教堂是巴黎郊区的圣丹尼教堂。这座教堂四尖券巧妙地解决了各拱间的肋架拱顶结构问题，有大面积的彩色玻璃窗，为以后许多教堂所效仿。法国哥特式教堂平面虽然是拉丁十字形，但横翼突出很少。西面是正门入口，东面环殿内有环廊，许多小礼拜室呈放射状排列。教堂内部特别是中厅高耸，有大片彩色玻璃窗。其外观上的显著特点是有许多大大小小的尖塔和尖顶。平面十字交叉处的屋顶上有一座很高的尖塔，扶壁和墙垛上也都有玲珑的尖顶。窗户细高，整个教堂向上的动势很强，雕刻极其丰富。西立面是建筑的重点，典型构图是：两边一对高高的钟楼，下面由横向券廊水平联系，三座大门由层层后退的尖券组成透视门，券面满布雕像。正门上面有一个大圆形玫瑰窗，雕刻精巧华丽。

图 2.40　巴黎圣母院
（图片来源：赵巍摄）

图 2.41　巴黎圣母院模型
（图片来源：赵巍摄）

英国的哥特式建筑出现得比法国稍晚，流行于 12—16 世纪。英国教堂不像法国教堂那样矗立于拥挤的城市中心，往往位于开阔的乡村环境中。教堂作为复杂的修道院建筑群的一部分，比较低矮，与修道院一起沿水平方向伸展。它们不像法国教堂那样重视结构技术，但装饰更自由多样。英国教堂的工期一般都很长，其间不断改建，很难找到整体风格统一的。英国的索尔兹伯里主教堂和法国亚眠主教堂的建造年代接近，中厅较矮、较深，两侧各有一侧厅，横翼突出较多，而且有一个较短的后横翼，可以容纳更多的教士。这是英国教堂常见的布局手法：教堂的正面在西边，东头多以方厅结束，很少用环殿。索尔兹伯里教堂虽然有飞扶壁，但并不显著。英国教堂在平面十字交叉处的尖塔往往很高，成为构图中心，西面的钟塔退居次要地位。索尔兹伯里教堂的中心尖塔高 123m，是英国教堂中最高的。这座教堂外观有英国特点，但内部仍然是法国风格，装饰简单。后来的教堂内部有较强的英国风格。约克教堂的西面窗花复杂，窗棂由许多曲线组成生动的图案。埃克塞特教堂的肋架像大树张开的树枝一般，非常有力，还采用了由许多圆柱组成的束柱。

德国最早的哥特式教堂之一——科隆主教堂（图 2.42）于 1248 年动工，由建造过亚眠主教堂的法国人设计，具有法国哥特式教堂的风格，歌坛和圣殿同亚眠教堂相似。它的中厅内部高达 46m，仅次于法国博韦主教堂。西面双塔高 152m，极为壮观。德国教堂很早就形成了自己的形制和特点，其中厅和侧厅高度相同，既无高侧窗，也无飞扶壁，完全靠侧厅外墙瘦高的窗户采光。拱顶上面再加一层整体的陡坡屋面，内部是一个多柱大厅。马尔堡的圣伊丽莎白教堂西边有两座高塔，外观比较素雅，是这种教堂的代表。

图 2.42　科隆主教堂内景

（图片来源：陈志华《外国建筑史（19 世纪末叶以前）》）

意大利的哥特式建筑于 12 世纪由国外传入，主要影响其北部地区。意大利没有真正接受哥特式建筑的结构体系和造型原则，只是把它作为一种装饰风格，因此极难找到“纯粹”的哥特式教堂。意大利教堂并不强调高度和垂直感，正面也没有高钟塔，而是采用屏幕式的山墙构图。屋顶较平缓，窗户不大，往往尖券和半圆券并用，飞扶壁极为少见，雕刻和装饰则有明显的罗马古典风格。意大利最著名的哥特式教堂是米兰大教堂，它是欧洲中世纪最大的教堂之一。教堂内部由四排巨柱隔开，宽 49m，中厅高 45m，而在横翼与中厅交叉处高至 65m，上面是一个八角形采光亭。中厅微高出侧厅，侧高窗很小。内部比较幽暗，建筑的外部全由光彩夺目的白色大理石筑成。高高的花窗、直立的扶壁以及 135 座尖塔都表现出向上的动势，塔顶上的雕像仿佛正要飞升。西边正面是意大利人字山墙，也装饰着很多哥特式尖券、尖塔，但其门窗已经带有文艺复兴晚期的风格。

威尼斯的世俗建筑有许多杰作。圣马可广场上的总督宫被公认为中世纪世俗建筑中最美丽的作品，其立面采用连续的哥特式尖券和火焰纹式券廊，构图别致，色彩明快。威尼斯还有很多带有哥特式柱廊的府邸，临水而立，非常优雅。

6）文艺复兴建筑

文艺复兴建筑是15—19世纪流行于欧洲的建筑形式，有时也包括巴洛克建筑和古典主义建筑，源于意大利佛罗伦萨。文艺复兴建筑是欧洲建筑史上继哥特式建筑之后出现的一种建筑风格，于15世纪产生于意大利，后传播到欧洲其他地区，各国形成了带有各自特点的文艺复兴建筑形式。意大利文艺复兴建筑在文艺复兴建筑中占有最重要的位置。在精神内涵上，它以文艺复兴思潮为基础；在造型上，它排斥象征神权至上的哥特式建筑风格，提倡复兴古罗马时期的建筑形式，特别是古典柱式比例、半圆形拱券、以穹隆为中心的建筑形体等。

文艺复兴建筑最明显的特征是摒弃了中世纪时期的哥特式建筑风格，而在宗教和世俗建筑上重新采用古希腊、古罗马时期的柱式构图要素。文艺复兴时期的建筑师和艺术家们认为，哥特式建筑是基督教神权统治的象征，而古希腊和古罗马的建筑是非基督教的。他们认为这种古典建筑，特别是古典柱式构图，体现出和谐与理性之美，并同人体美有相通之处，这正符合文艺复兴运动的人文主义观念。

但意大利文艺复兴时期的建筑师绝不是食古不化的人。他们一方面采用古典柱式，另一方面又灵活变通，大胆创新，甚至将各个地区的建筑风格同古典柱式融合在一起。他们还将文艺复兴时期的许多科学技术上的成果，如力学上的成就、绘画中的透视规律、新的施工用具，运用到建筑创作实践中去。在文艺复兴时期，建筑类型、建筑形制、建筑形式都有增多。建筑师在创作中既体现统一的时代风格，又重视表现自己的艺术个性。总之，文艺复兴建筑，特别是意大利文艺复兴建筑，呈现出空前繁荣的景象。

一般认为，15世纪佛罗伦萨大教堂（图2.43）的建成标志着文艺复兴建筑的开端。而对于文艺复兴建筑何时结束的问题，建筑史学界尚存在不同的看法。有一些学者认为直到18世纪末，有将近400年的时间属于文艺复兴建筑时期。另一种看法是意大利文艺复兴建筑到17世纪初就结束了。意大利以外地区的文艺复兴建筑的形成和延续呈现复杂、曲折和参差不一的状况。建筑史学界对其他各国文艺复兴建筑的性质和延续时间并无一致的见解。尽管如此，建筑史学界仍然公认以意大利为中心的文艺复兴建筑，对此后几百年的欧洲及其他许多地区的建筑风格都产生了广泛而持久的影响。

图2.43　佛罗伦萨大教堂
（图片来源：罗小未，蔡琬英《外国建筑历史图说》）

7）巴洛克建筑

巴洛克建筑是17—18世纪在意大利文艺复兴建筑基础上发展起来的一种建筑形式。这种建筑形式在反对僵化的古典形式、追求自由奔放的格调和表达世俗情趣等方面起了重要作用，对城市广场、园林艺术以至文学艺术都产生过影响，一度在欧洲广泛流行。其特点是外形自由，追求动态，喜好富丽的装饰、雕刻以及强烈的色彩，常用穿插的曲面和椭圆形空间。

意大利文艺复兴晚期的著名建筑师和建筑理论家维尼奥拉设计的罗马耶稣会教堂（图 2.44）是由手法主义向巴洛克风格过渡的代表作，也有人称之为第一座巴洛克建筑。

图 2.44　罗马耶稣会教堂
（图片来源：罗小未，蔡琬英《外国建筑历史图说》）

8）浪漫主义建筑

浪漫主义建筑是 18 世纪下半叶到 19 世纪下半叶在欧美文学艺术中的浪漫主义思潮影响下流行的一种建筑形式。浪漫主义在艺术上强调个性，提倡自然主义，主张用中世纪的艺术风格抗衡学院派的古典主义艺术。这种思潮在建筑上表现为追求超凡脱俗的趣味和异国情调。

由于浪漫主义建筑追求中世纪的哥特式建筑风格，它又被称为哥特复兴建筑。英国是浪漫主义的发源地，最著名的建筑作品有英国议会大厦、伦敦的圣吉尔斯教堂和曼彻斯特市政厅等。浪漫主义建筑主要限于教堂、大学、市政厅等中世纪就有的建筑类型。它在各个国家的发展不尽相同，大体说来，它在英国、德国流行较早、较广，而在法国则不太流行。

9）洛可可建筑

洛可可建筑于 18 世纪 20 年代产生于法国并流行于欧洲，是在巴洛克建筑的基础上发展起来的。洛可可风格的基本特点是纤弱娇媚、华丽精巧、甜腻温柔。它以欧洲封建贵族文化的衰败为背景，表现了没落贵族阶层颓丧、浮华的审美理想和思想情绪。洛可可一词原意为建筑装饰中的一种贝壳形图案。1699 年，建筑师、装饰艺术家马尔列在金氏府邸的装饰设计中大量采用这种曲线形的贝壳纹样，此建筑由此而得名。洛可可风格最初出现于建筑的室内装饰，然后扩展到绘画、雕刻和文学领域。

洛可可建筑的特点是室内应用明快的色彩和纤巧的装饰，家具非常精致而偏于烦琐，不像巴洛克建筑那样色彩强烈、装饰浓艳。在德国南部和奥地利，洛可可建筑的内部空间显得非常复杂。

2.2.2　西方古典建筑柱式简介

柱式是西方古典建筑最基本的组成部分，了解西方古典建筑艺术造型的特点应首先从柱式入手。

1）柱式的组成

柱式一般由檐部、柱子和基座三部分组成，有时只包括前两部分。柱子是主要的承重结构，也是建筑艺术造型中的重要部分。从柱身高度的 1/3 开始，其断面逐渐缩小，称作收分。柱子收分后略微向内弯曲的轮廓，增强了其稳定感。檐部、柱子和基座分别包括若干细小的部分，它们大多数由结构或构造的要求发展演变而来。檐口、檐壁和柱头等重点部位常装饰各种雕刻图案，柱式各部分之间的交界处也常带有各种脚线。柱式各部分之间从大到小有一定的比例。由于建筑物大小不同，为了保持各部分之间的相对比例，一般采用柱下部的半径作为量度单位。

2）柱式的类别

古希腊时期、古罗马时期和文艺复兴时期分别对柱式的类别进行划分。古希腊时期有三种柱式，古罗马时期有五种柱式，文艺复兴时期又对这五种柱式做了新的整理和总结。各时期不同类别的柱式的区分大都体现在柱子的比例和雕刻线脚的变化两个方面。

（1）古希腊三柱

古希腊三柱即多立克柱、爱奥尼柱和科林斯柱。

多立克柱式（图 2.45）是古希腊建筑的三种柱式中出现最早的一种。在古希腊，多立克柱一般都建在阶座之上，特点是粗大雄壮。柱头是倒圆锥台，没有装饰，没有柱基础。柱身有时雕有 20 条槽纹，有时是平滑的。柱下部约占全柱 1/3 的位置，槽纹很浅，几乎是平的，往上越来越深。柱下径与柱高的比例是 1 ：5.5；柱高与柱直径的比例是 4（或 6）：1。柱与柱之间的距离，一般是柱直径的 2 倍，少数到 2.5 倍。多立克柱又称为男性柱。著名的雅典卫城的帕特农神庙即采用多立克柱式。

爱奥尼柱式(图 2.46)源于古希腊，也是古希腊建筑的三种柱式之一，特点是比较纤细秀美，有优雅高贵的气质，又称为女性柱。柱身有 24 条凹槽，柱头有一对向下的涡形装饰。爱奥尼柱通常竖立在一个基座上，柱头有一对标志性的涡形装饰，置于模塑的柱帽之上，或是从内绽

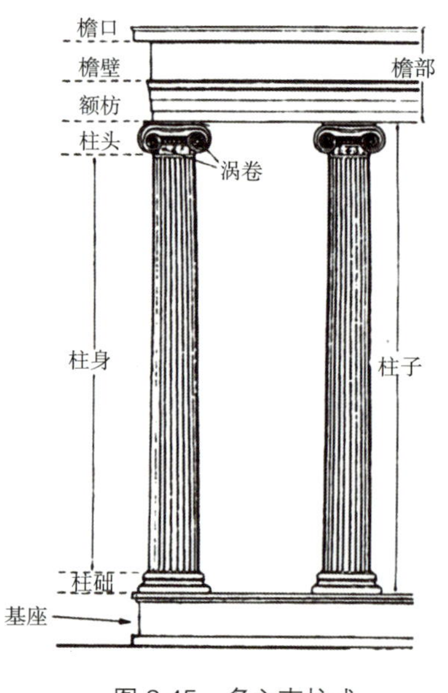

图 2.45　多立克柱式
（图片来源：陈志华
《外国建筑史(19 世纪末叶以前)》)

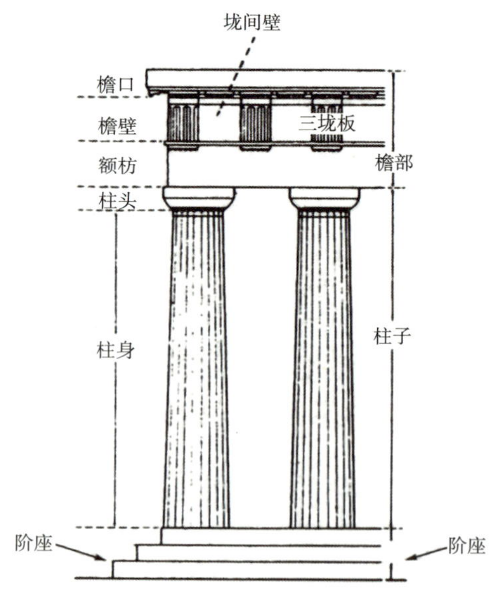

图 2.46　爱奥尼柱式
（图片来源：陈志华
《外国建筑史（19 世纪末叶以前）》）

放。柱帽通常附有一种椭圆与箭头交替排列的装饰线条，不论是从正面还是侧面观察，它们都呈同样的宽度。16 世纪，文艺复兴建筑师和神学家斯卡默基设计了这种完美排列的四边爱奥尼柱头的一个版本。它是如此成功以至于成为当时的标准，而当古希腊的爱奥尼柱在 18 世纪重新被介绍回来时，人们发现它是如此古朴和原始。经过一些早期尝试后，柱身上的凹槽被限定在 24 个。这将刻槽同直径的比例维持在一个相似的程度上，即便柱子的高度被延伸亦如此。爱奥尼柱的高度为 8 或 9 倍直径，在美国的改良样式中甚至更高，通常刻有凹槽。柱上楣沟有两个部分：一部分是平直的柱顶过梁被分成两或三条水平带，上面支撑一个通常装饰精美的雕带，以及由齿饰组成的上楣柱（形状如紧密排列的工字钢）；另一部分是冠状及反曲线的线脚支撑伸出的屋顶。雕带上栩栩如生的浅浮雕是爱奥尼柱的一个标志性特征。

科林斯柱式（图 2.47）产生于古希腊科林斯，因此得名。它实际上是爱奥尼柱式的一个变体，两者各个部位都很相似。科林斯柱比爱奥尼柱更为纤细，只是柱头以毛茛叶纹装饰，而不采用爱奥尼柱的涡形纹。毛茛叶层叠交错，并以卷须花蕾夹杂其间，看起来像是一个花篮被置于圆柱顶端。其风格也由爱奥尼柱式的秀美转为豪华富丽，装饰性很强，但是它在古希腊的应用并不广泛。雅典的宙斯神庙采用的就是科林斯柱式。

图 2.47　科林斯柱式
（图片来源：罗小未，蔡琬英《外国建筑历史图说》）

（2）古罗马五柱

古罗马柱继承了古希腊柱式，同时又增加了另外两种柱式，即塔斯干柱和混合柱。

塔斯干柱是古罗马最早的建筑形式，是古希腊柱式的基础。但是，古罗马建筑最典型的特征是使用非结构柱式，经常是将柱子全部或部分埋入墙中，使其成为附墙柱或半身柱。有的柱子被做成扁平状，柱身无槽，人们称其为壁柱。

混合柱是一种在科林斯柱头上加上爱奥尼柱头的柱式，更加华丽。它常常被用来建造规模宏大、装饰华丽的建筑物。

（3）文艺复兴时期柱式

文艺复兴时期的建筑师以古罗马五种柱式为基础，制定出严格的比例，总结成一定的法式。

其中意大利人维尼奥拉、阿尔伯蒂等制定的柱式规范影响较大，一般古典柱式建筑都以它为蓝本。

3）柱脚

柱脚在西方古典建筑中是极其重要的一部分。它的作用有两个：处于某部分的结束，起着使造型更加完整的作用；处于两部分的结合处，起着既分隔又联系的作用。

柱式的演变也包括柱脚的变化。古希腊柱式的脚线形态自然，刚劲挺拔，其曲线轮廓很难用规整的弧线表现；而古罗马柱式的线脚则多采用直线与半圆或者四分之一圆等进行组合。

2.2.3　柱式的组合

1）列柱

列柱（图 2.48）即一整排有规律间隔的柱子，往往是一排柱子共同支撑着檐部。它可以在建筑的一个面形成柱廊，也可以形成矩形或圆形围合廊道。此外，列柱还常常用于建筑物的主立面山墙之下，多为等分阵列。

2）壁柱

壁柱（图 2.49）往往是墙面的一部分，主要起装饰作用，并不独立承重，多为半圆柱、四分之三圆柱和扁方柱等。

3）倚柱

倚柱（图 2.50）的柱子是完整的，和墙面离得很近，主要起装饰作用。它常常和山墙共同组成门廊，用来强调建筑的入口部分。

4）叠柱

叠柱（图 2.51）是指将柱子按层设置，可以使构图富于韵律感的柱式。

图 2.48　列柱
（图片来源：罗小未，蔡琬英《外国建筑历史图说》）

图 2.49　壁柱
（图片来源：罗小未，蔡琬英《外国建筑历史图说》）

图 2.50 倚柱
（图片来源：罗小未，蔡琬英《外国建筑历史图说》）

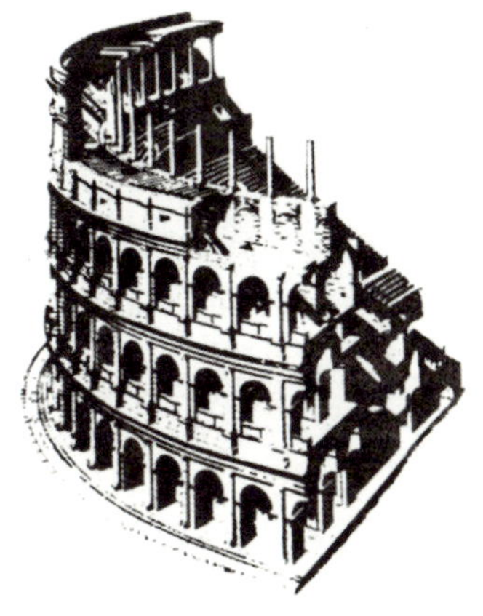

图 2.51 叠柱
（图片来源：罗小未，蔡琬英《外国建筑历史图说》）

2.3 西方现代建筑流派

西方现代建筑流派划分的方式较多，其中一种划分方式将其分为高技派、风格派、白色派、极简主义、装饰艺术、后现代主义、解构主义和新现代主义等。

1）高技派

高技派较为注重“高度工业技术”的表现。它有几个明显的特征：首先是喜欢使用最新的材料，尤其是不锈钢、铝塑板以及合金材料，作为室内装饰及家具设计的主要材料；其次是对结构或机械组织的暴露，如把室内水管、风管暴露在外，或使用透明的、裸露机械零件的家用电器；最后是在功能上强调现代居室的视听功能或自动化设施，家用电器为主要陈设，构件节点精致、细巧，室内艺术品均有抽象艺术风格。

2）风格派

风格派是以荷兰为中心的现代艺术流派。严格地说，它是立体主义画派的一个分支，认为艺术应消除与任何自然物体的联系，只有点、线、面等最小视觉元素和原色是真正具有普遍意义的永恒艺术主题。其室内设计方面的代表人物是木工出身的里特维尔德，他将风格派的思想充分表达在家具、艺术品陈设等各个方面。风格派的出现使包豪斯的艺术思潮发生了变化，它所创造的绝对抽象的视觉语言及其代表人物的设计作品对现代建筑和室内设计产生了极其重要的影响。

3）白色派

白色派的建筑作品以白色为主，具有一种明显的非天然效果。白色派以埃森曼、格雷夫斯、格瓦斯梅、赫迪尤克和迈耶为代表人物，他们的设计思想和理论深受风格派和柯布西耶的影响。由于对纯净的建筑空间、阳光下的立体主义构图以及光影变化十分偏爱，故白色派又被称为早期现代主义建筑的复兴主义。

4）极简主义

极简主义也译作简约主义或微模主义，是 20 世纪 60 年代兴起的一个艺术流派，反对抽象表现主义，强调展示物体最原始的形态，弱化作品作为文本或符号形式出现时的暴力感，开放作品自身在艺术概念上的意象空间，让观者自主参与对作品的建构。

5）装饰艺术

装饰艺术是一种重装饰的艺术，影响了建筑设计的风格。它的名字源于 1925 年在巴黎举行的世界博览会。它在 1920 年成为欧洲的艺术流派，大约于 1928 年才在美国流行。

6）后现代主义

各个理论家对后现代主义都有自己的理解。对于后现代主义，全世界的建筑理论界都还没有达成统一的标准和认识。笼统地划分，可以说 20 世纪 40—60 年代是现代主义、国际主义风格垄断的时期，20 世纪 70 年代到现在为止是后现代主义时期。20 世纪 60 年代末期，世界建筑日趋相同，地方特色、民族特色逐渐消退，建筑和城市面貌日渐呆板、单调，加上柯布西耶的粗野主义，往日具有人情味的建筑逐步被非人性化的国际主义建筑取代。建筑界出现了一批青年建造师，他们试图改变国际主义面貌，引发了建筑界的大革命。美国建筑师斯特恩提出后现代主义建筑有三个特征： 采用装饰；具有象征性或隐喻性；与现有环境融合。

后现代主义强调建筑及室内设计应具有历史的延续性，但又不拘泥于传统的逻辑思维方式，探索并创新造型手法，讲究人情味，常在室内设置夸张、变形的拱券，或把古典构件的抽象形式以新的手法组合在一起，即采用非传统的混合、叠加、错位、裂变等手法和象征、隐喻等手段，以期创造一种集感性与理性、传统与现代于一体的建筑和室内环境。对于后现代主义，不能仅仅以所看到的视觉形象来评价，需要从设计思想来分析。后现代主义的代表人物有约翰逊、文丘里、格雷夫斯等。

后现代主义建筑代表作有澳大利亚悉尼歌剧院、巴黎蓬皮杜国家艺术和文化中心、美国新奥尔良市意大利广场等。

7）解构主义

解构主义是一种从 20 世纪 80 年代晚期开始的后现代建筑思潮。它的特点是把整体破碎化（解构），有散乱、残缺、突变、动势与奇绝的效果，其主要想法是通过非线性或非欧几里得几何的设计来实现建筑元素的变形与移位。解构主义建筑的代表作有屈米设计的巴黎拉维莱特公园、盖里设计的自宅等。

8）新现代主义

新现代主义最早出现在 1965 年，盛行于 20 世纪末期到 21 世纪初。新现代主义建筑通过简约而平民化的设计对后现代主义建筑的复杂建筑结构及折中主义进行回应。

2.4　西方现代建筑流派的代表人物

1）格罗皮乌斯

格罗皮乌斯（图 2.52）是现代建筑流派的代表人物之一。1907—1910 年，他在柏林彼得·贝伦斯建筑事务所工作。1910—1914 年，他同迈耶合作设计了其成名作。1914 年，在科隆举办的现代工业设计大展上，他依据预制设计原理所做的示范工厂和办公楼设计使其在建筑界声名大噪。1919 年 3 月 20 日，他创立了国立建筑设计学院，即“包豪斯学院”。1928 年，他与柯布西耶等组织国际现代建筑协会，1929—1959 年任协会副会长。1937 年，他定居美国，任哈佛大学建筑系教授和主任；1952 年起任荣誉教授，参与创办该校的设计研究院。格罗皮乌斯在美国广泛传播包豪斯的教育观点、教学方法和现代主义建筑学派理论，强调在建筑中运用精确的数学计算，促进了美国现代建筑的发展。20 世纪 50—60 年代，他获得了英国、联邦德国、美国、巴西、澳大利亚等国家的建筑师组织、学术团体和大学授予的荣誉奖、荣誉会员称号和荣誉学位。

格罗皮乌斯的设计思想是：主张设计与工艺统一，艺术与技术统一；注重全面提高人类生活环境质量的系统化设计；强调功能、技术与经济效益；强调批量化、机械化、标准化、大众化；将理论主义与功能主义相结合。他始终坚持理性主义的设计原则，并对理性主义进行充实和提高，对现代建筑的发展产生了深远的影响。

其代表作品有包豪斯校舍（图 2.53）、西柏林汉莎住宅区高层公寓、萨克森 - 安哈尔特州德绍包豪斯建筑、德国西门子住宅区，以及哈佛大学研究生中心等。

图 2.52　格罗皮乌斯

图 2.53　包豪斯校舍
（图片来源：吴焕加《20 世纪西方建筑史》）

2）柯布西耶

柯布西耶（图 2.54）是 20 世纪著名的建筑师和设计艺术理论家，其建筑理念和城市规划思想有非常独到之处。1907 年，他考察了意大利建筑，尤其是宗教建筑，这对其一生有重大影响。1908 年，他在巴黎设计事务所兼职，并接受钢筋混凝土建筑设计训练。1910 年，他前往柏林，与德国工业联盟保持着密切联系，同时进入彼得·贝伦斯的设计事务所，与密斯共事。1913 年，他回到故乡开办设计事务所，专门从事混凝土建筑设计研究。1917 年，他定居巴黎，从事设计并和纯净派美学代表人物画家——奥占芳创办《新精神》月刊，宣传自己的设计思想。1923 年，他出版了《走向新建筑》一书，成为“机械美学”的理论奠基人。1926 年，他提出了新建筑的 5 个特点：房屋底层采用独立支柱；屋顶花园；自由平面；横向长窗；自由的立面。这些特点在 1929 年的萨伏伊别墅中得到了完美的体现。1928 年以后，他设计了很多代表性的建筑，在城市规划方面有重要贡献。柯布西耶出版著作 40 余部，完成大型建筑设计 60 余项，对现代建筑风格有重要影响。

柯布西耶的设计思想是：强调建筑要随时代而发展，现代建筑应同工业化社会相适应；强调建筑师要研究和解决建筑的实用功能和经济问题；主张积极采用新材料、新结构，在建筑设计中发挥新材料、新结构的特性；主张用工业化的方法大规模建造房屋；主张坚决摆脱过时的建筑样式的束缚，放手创造新的建筑风格；主张发展新的建筑美学，创造建筑新风格。

其代表作品有萨伏伊别墅（图 2.55）、马塞公寓、朗香教堂、昌迪加尔法院，以及拉图雷特修道院等。其中，朗香教堂的外部形式已超出了基督教建筑形式的范围，恢复到巨石时代的史前墓穴形式，被认为是现代建筑中的精品。

图 2.54　柯布西耶

图 2.55　萨伏伊别墅

（图片来源：吴焕加《20 世纪西方建筑史》）

3）密斯

密斯（图 2.56）生于德国石匠之家，幼年失学，是自学成才的现代主义设计大师。1908—1912 年，他在彼得·贝伦斯的设计工作室工作，这里的工作环境影响了他的设计。1919 年，密斯大胆地推出了一个全玻璃帷幕大楼的建筑设计，赢得了世界的注目。1928 年，他提出“少就是多”的理念，提倡简洁的建筑表现形式。1929 年，他设计了巴塞罗那万国博览会德国馆，这成为其设计生涯的重要转折点和里程碑。

密斯的设计思想是：坚持“少就是多”的建筑设计哲学理念。“少”是针对当时建筑界仍旧很流行的古典装饰手法而提出的，因为其阻碍了建筑的工业化进程；“多”则揭示了在大工业生产条件下，可以创造出简洁而丰富的建筑效果和最大的使用空间。在处理手法上，密斯提出“流动空间”的新概念。从平面到造型，简洁明了，逻辑性强，表现出理性的特点。密斯建筑作品中的各个部分抽象概括，从墙面、屋面到地面，所有的线、面都有机地组合成一个整体。他认为结构和构造是建筑的基础，致力于探索钢结构在建筑中的应用，将钢和玻璃完美结合，创造出严谨、精确、纯净以至精美的形式语言。其设计作品各个细节达到极简的程度，不少作品结构几乎完全暴露，但不失高贵、雅致，已使结构本身升华为建筑艺术。

其代表作品有巴塞罗那国际博览会德国馆（图 2.57）、巴塞罗那椅、伊利诺伊工学院校舍、伊利诺伊工学院克朗楼、范斯沃斯住宅、纽约西格莱姆大厦等。

图 2.56　密斯

图 2.57　巴塞罗那国际博览会德国馆
（图片来源：罗小未《外国近代建筑史（第二版）》）

4）赖特

赖特（图 2.58）是美国现代主义先驱、美国著名建筑师，师从著名建筑师沙利文，被誉为美国本土建筑的开创者，是西方现代主义建筑美学思想重要代表人物之一。他先在威斯康星大学学习，后进入芝加哥学派的代表人物——沙利文与艾德开设的设计事务所工作。后来，他开设自己的设计事务所，抛弃了芝加哥学派的古典檐口柱式，开始设计草原式风格住宅。1910 年，他前往欧洲，其设计思想得到了广泛认同。1939 年春，赖特应邀到英国讲学，被授予“英国皇家建筑师协会荣誉会员”称号。1941 年，赖特荣获英国皇家建筑师协会金牌奖，随后在 1949 年又获得了美国建筑师协会的奖章。

赖特的设计思想是：从自然主义、有机主义、中西部草原风格、现代主义到完全追求自己热爱的美国典范，每个时期都对建筑界造成新的影响和冲击。崇尚自然的建筑设计理念贯穿在他一生的设计创作中，他坚持认为“建筑是自然的，要成为自然的一部分”，建筑应与周边的环境相和谐，崇尚材料的自然美，尊重材料的天然特性。他声称自己设计的建筑是有机建筑，其核心就是“整体和局部不可分割的一体性”，体现建筑的内在功能和目的、建筑与环境协调、体现材料的本性是有机建筑在创作中的具体表现。

其代表作品有达尔文·马丁房子、流水别墅、约翰逊公司行政楼、约翰逊公司实验塔楼、古根海姆博物馆（图 2.59），以及东京帝国饭店等。

图 2.58　赖特

图 2.59　古根海姆博物馆
（图片来源：罗小未《外国近代建筑史（第二版）》）

5）阿尔托

阿尔托（图 2.60）是芬兰建筑师和家具设计师，是现代建筑学的先驱。他将芬兰的建筑传统融入现代欧洲建筑中，形成了既浪漫又有地方特色的风格。他于 1957 年、1963 年分别获英国皇家建筑师学会和美国建筑师学会金质奖。

阿尔托的设计思想是：自然不是机器，不应该为建筑的模式服务。这种观点与赖特的观点不谋而合。同时他还强调，建筑不应该脱离自然和人类本身，而是应该遵从于人类的发展，这样会使自然与人类更加接近。他认为，标准化并不意味着所有的房屋都一模一样，而是采用灵活的手段，以适应各种家庭对不同房屋的需求，适应不同地形、不同朝向、不同景色。

其代表作品有帕伊米奥结核病疗养院（图 2.61）、Kuatya 联排住宅、玛利亚别墅、剑桥市贝克住宅、阿尔托歌剧院、芬兰大厦，以及埃森歌剧院等。

图 2.60　阿尔托

图 2.61　帕伊米奥结核病疗养院
（图片来源：罗小未《外国近代建筑史（第二版）》）

6）贝聿铭

贝聿铭（图 2.62）是美籍华人建筑师，1983 年普利兹克建筑奖得主，被誉为“现代建筑的最后大师”。贝聿铭于 1917 年出生在广东省广州市。1935 年，他赴美国哈佛大学建筑系学习，师从建筑大师格罗皮乌斯。贝聿铭的作品以公共建筑为主，被归类为现代主义建筑，善用钢材、混凝土、玻璃与石材。

贝聿铭的设计思想是：建筑造型与所处环境自然融合，注重建筑构造的意境，建筑材料考究，建筑内部设计精巧。

其代表作品有美国华盛顿特区国家艺廊东厢、香港中银大厦、法国巴黎卢浮宫扩建工程（图 2.63）、日本美秀美术馆，以及中国苏州博物馆等。

图 2.62　贝聿铭

图 2.63　法国巴黎卢浮宫扩建工程
（图片来源：吴焕加《20 世纪西方建筑史》）

7）盖里

盖里（图 2.64）是美国知名后现代主义及解构主义建筑师。他生于加拿大多伦多的一个犹太家庭，后来移民至美国。

盖里的设计思想是：常使用多角平面、倾斜的结构、倒转的形式等，并将视觉效果运用到图样中；采用多种物质材料，运用各种建筑形式，将幽默感、神秘感及梦想等融入建筑创作中。

其代表作品有毕尔巴鄂古根海姆美术馆（图 2.65）、跳舞的房子（荷兰国民人寿保险公司大楼），以及安大略艺术画廊等。

图 2.64　盖里

图 2.65　毕尔巴鄂古根海姆美术馆
（图片来源：吴焕加《20 世纪西方建筑史》）

8）文丘里

文丘里（图 2.66）是美国建筑师。他曾就读于普林斯顿大学建筑学院，1950 年获硕士学位。1954—1956 年，他在罗马的美国艺术学院学习，后曾在斯托诺洛夫、沙里宁、卡恩等人的事务所任职。1957—1965 年，他在宾夕法尼亚大学建筑系任教。1964 年，　他和洛奇一起开办事务所。1965 年，他曾代表美国国务院赴苏联讲学。1977 年，他任普林斯顿大学建筑与城市设计学院顾问。其著作《建筑的复杂性和矛盾性》（1966 年）和《向拉斯维加斯学习》（1972 年）被认为是后现代主义建筑思潮的宣言。

文丘里的设计思想是：反对密斯提出的“少就是多”，认为“少就是光秃秃”。他认为群众不懂现代主义建筑语言，而群众喜欢的建筑往往形式平凡、活泼，装饰性强，又具有隐喻性。他认为赌城拉斯维加斯狭窄的街道、霓虹灯、广告牌、快餐馆等商标式的造型，正好反映了群众的喜好，建筑师要同群众对话，就要向拉斯维加斯学习。

图 2.66　文丘里

图 2.67　费城母亲住宅
（图片来源：吴焕加《20 世纪西方建筑史》）

其代表作品有美国费城母亲住宅（图 2.67）、英国伦敦国家美术馆、美国俄亥俄州奥柏林大学的艾伦美术馆等。

9）安藤忠雄

安藤忠雄（图 2.68）是日本著名建筑师。他从未受过正规科班教育，却开创了一种独特、崭新的建筑风格，成为当今最为活跃、最具影响力的世界建筑大师之一。

安藤忠雄的设计思想是：可靠的材料就是真材实料。这种真材实料可以是纯粹朴实的水泥或未刷漆的木材等材料。丰富多变的几何形状为建筑提供基础和框架，使建筑展现于世人面前。它可能是一个主观设想的物体，也可能是一个三维空间结构的物体。所谓的自然，并非泛指植栽化的概念，而是指被人工化的自然，或者说是建筑化的自然。他认为植栽只不过是对现实的一种美化方式。

其代表作品有住吉的长屋、光之教堂（图 2.69）、水之教堂、风之教堂、姬路文学馆、飞鸟历史博物馆以及普利策基金会美术馆等。

图 2.68　安藤忠雄

图 2.69　光之教堂
（图片来源：罗小未
《外国近代建筑史（第二版）》）

10）哈迪德

哈迪德（图 2.70）是 2004 年普利兹克建筑奖获得者。1950 年，哈迪德出生于伊拉克巴格达。1972 年，她进入伦敦建筑联盟学院学习建筑学，于 1977 年毕业并获得硕士学位。此后，她加入建筑事务所，后来成立了自己的工作室。

哈迪德的设计思想是：现代主义者可对任何资源做最有效的运用。这种“过度”导致对全新事物、对未来、对乌托邦超乎现实的夸大，也因此导致了形的消失，导致造型极度简化。其实人们已进入一个新世界，只是并未看出这点，唯有真正靠眼睛、耳朵或心灵来感知自己的存在，才会得到真正的自由。

其代表作品有德国的维特拉消防站（图 2.71）、德国莱茵河畔威尔城园艺展览馆、英国伦敦格林尼治千年穹隆上的头部环状带、法国斯特拉斯堡的电车站和停车场、奥地利因斯布鲁克的滑雪台、美国辛辛那提的当代艺术中心，以及日本新国家体育场。

图 2.70　哈迪德

图 2.71　维特拉消防站
（图片来源：罗小未《外国近代建筑史（第二版）》）

DISANZHANG BIAOXIAN JIFA CHUBU

第三章　表现技法初步

3.1 建筑画分类及常用工具

3.1.1 建筑画分类

除正式施工图以外，在建筑设计过程中，建筑师还经常需要绘制各种具有艺术表现力的图纸，以便形象地说明设计内容，这些图纸现统称为建筑画。建筑画按使用工具和材料可分为铅笔图、钢笔图、马克笔画、彩色铅笔画、水彩画以及水粉画。

1）铅笔图

铅笔图通常用作方案草图、建筑速写，也可用作效果图（图 3.1）。

（a）

（b）

（c）

图 3.1 铅笔画

2）钢笔图

钢笔图可用作方案草图、建筑速写及效果图（图 3.2）。

（a）

（b）

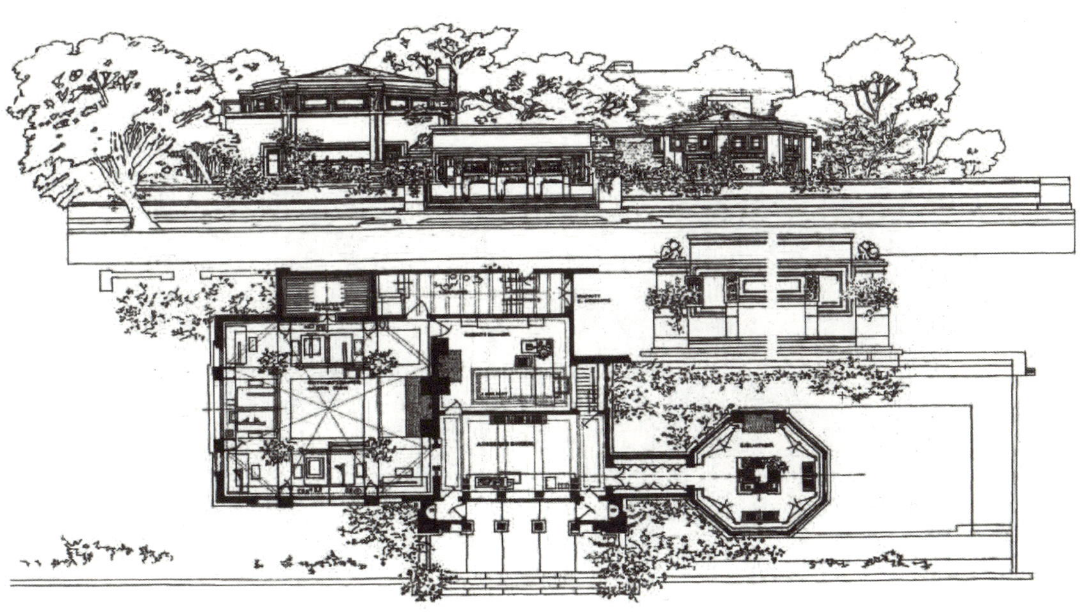

（c）

图 3.2 钢笔图

3）马克笔画

马克笔又称麦克笔。马克笔画广泛用于建筑设计及室内设计领域，可用作设计效果图（图3.3）。

（a）

（b）　　（c）

图 3.3　马克笔画

4）彩色铅笔画

彩色铅笔分为两种：一种是水溶性彩色铅笔，另一种是不溶性彩色铅笔。通常结合马克笔使用。彩色铅笔画也可用作效果图（图 3.4）。

（a）

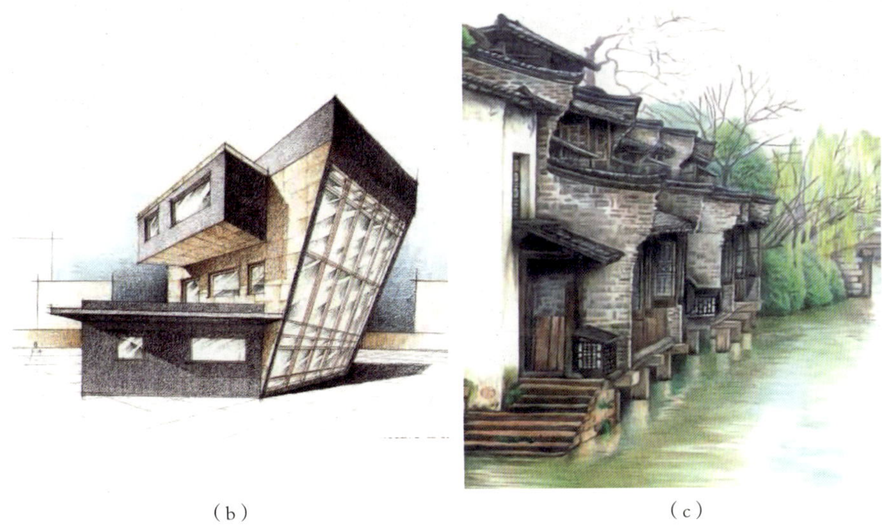

（b）　　（c）

图 3.4　彩色铅笔画

5）水彩画

水彩画是用水调和透明颜料作画的一种绘画方法，色彩透明，适合表现清新明快的风景（图 3.5）。

（a）

（b）

图 3.5　水彩画

6）水粉画

水粉画是使用水调和粉质颜料绘制而成的一种画，其色彩处在不透明和半透明之间，可以在画面上产生艳丽、柔润、明亮、浑厚等艺术效果（图 3.6）。

（a）

（b）

图 3.6　水粉画

3.1.2　常用工具

1）图板

图板是用来铺贴图纸及配合丁字尺、三角板等进行制图的平面工具。图板板面要平整，相邻边要平直。如图 3.7（a）所示，图板左面的硬木边为工作边，必须保持平直，以便与丁字尺配合画出水平线。

2）丁字尺

丁字尺用来画水平线，尺头的内侧边缘和尺身的工作边必须平直、光滑。如图 3.7（b）所示，画线时左手把住尺头，使它始终贴住图板左边，然后上下推动，直至丁字尺工作边对准要画线的地方，再从左至右画出水平线。

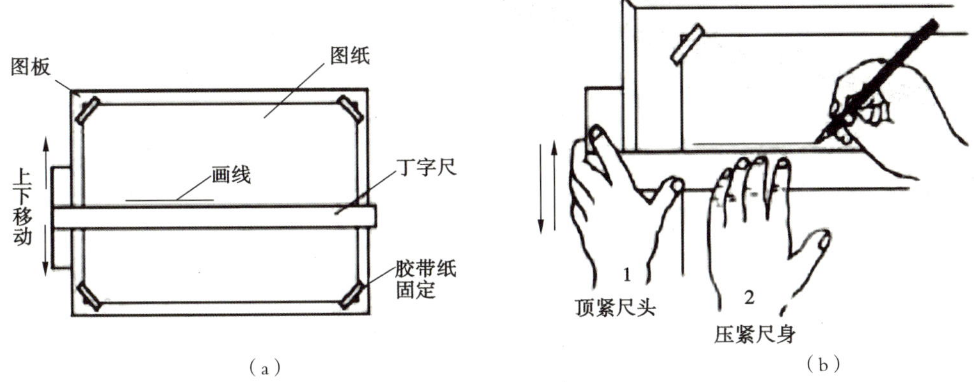

图 3.7　图板和丁字尺用法

3）三角板

三角板是制图的主要工具之一，一副三角板包括一块底角为 45° 的等腰直角三角板以及一块两个角分别是 30°、60° 的直角三角板。如图 3.8 所示，三角板与丁字尺配合使用可以画出竖直线和 15°、30°、45°、60°、75° 等角度的倾斜线。

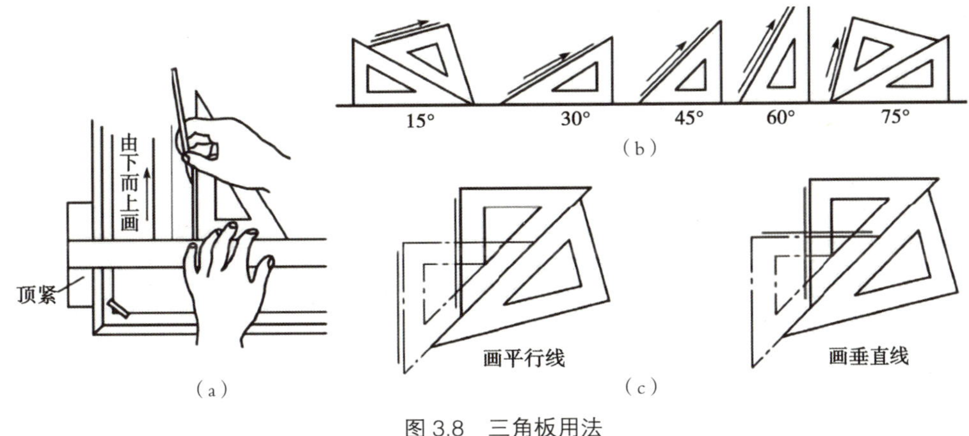

图 3.8　三角板用法

4）比例尺

比例尺是用来放大或缩小图线长度的度量工具（图 3.9）。

5）圆规与分规

圆规［图 3.10（a）］是画圆或圆弧的工具。在使用圆规前，应先调整针脚，使针尖略长于铅芯，铅芯应磨削成 65° 的斜面，斜面向外。画圆时要使针尖与铅芯都垂直于纸面，左手按住针尖，右手转动带铅芯的插脚画。分规［图 3.10（b）］是用来截取线段、量取尺寸和等分线段或圆弧线的绘图工具。分规两腿均装有锥形钢针。为了量取尺寸准确，分规的两针尖应平齐。

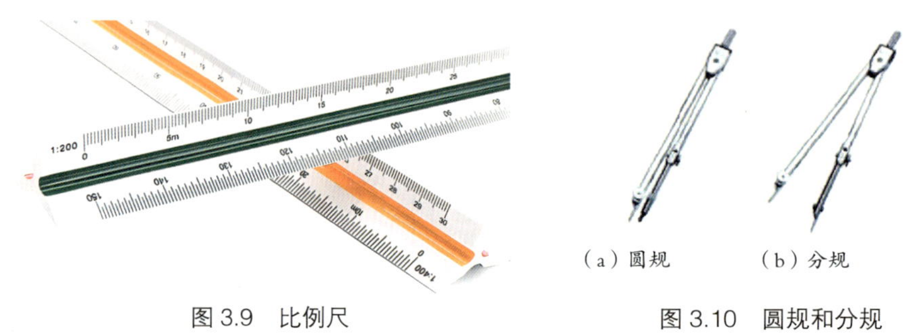

图 3.9　比例尺　　　图 3.10　圆规和分规

6）图纸

图纸有绘图纸和描图纸两种。绘图纸用于画铅笔图或墨线图，要求纸面洁白，质地坚实。描图纸也称为硫酸纸，专门用于针管笔描图，并以此复制蓝图。

7）铅笔

绘图用铅笔种类较多，其型号以铅芯软硬程度划分，代号 H 表示硬度，代号 B 表示黑度。铅笔笔芯可以削成楔形、尖锥形和圆锥形等。尖锥形笔芯用于画草稿线、细线和写文字等；楔形笔芯可削成不同的厚度，用于加深不同宽度的图线。铅笔应从没有标记的一端开始使用。画线时握笔要自然，速度、用力要均匀。

8）针管笔

针管笔（图 3.11）又称作绘图墨水笔，其笔头为一根无缝不锈钢针管，有粗细不同的规格，内配相应的针管、通针、内胆、套管和储墨管。

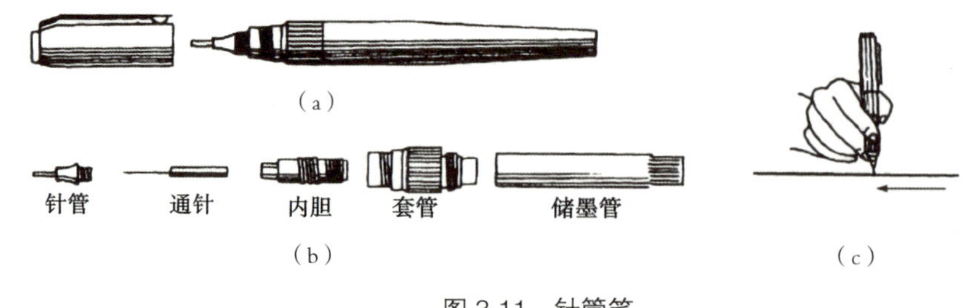

图 3.11　针管笔

9）曲线板

曲线板是用来画非圆曲线的工具，其轮廓线由多段不同曲率半径的曲线组成。

3.2 透视

3.2.1 透视概念及运用

在平面或曲面上描绘物体的空间关系的方法或技术，称为透视。透视提供了一种增强空间纵深感的方法，能逼真地表现物体的空间体积感。

透视作为表达设计思想与追求最后效果的一种最佳手段，被广泛运用于建筑设计、城市规划设计、室内设计、插画设计、电脑动画设计、工业设计等多个领域（图 3.12）。

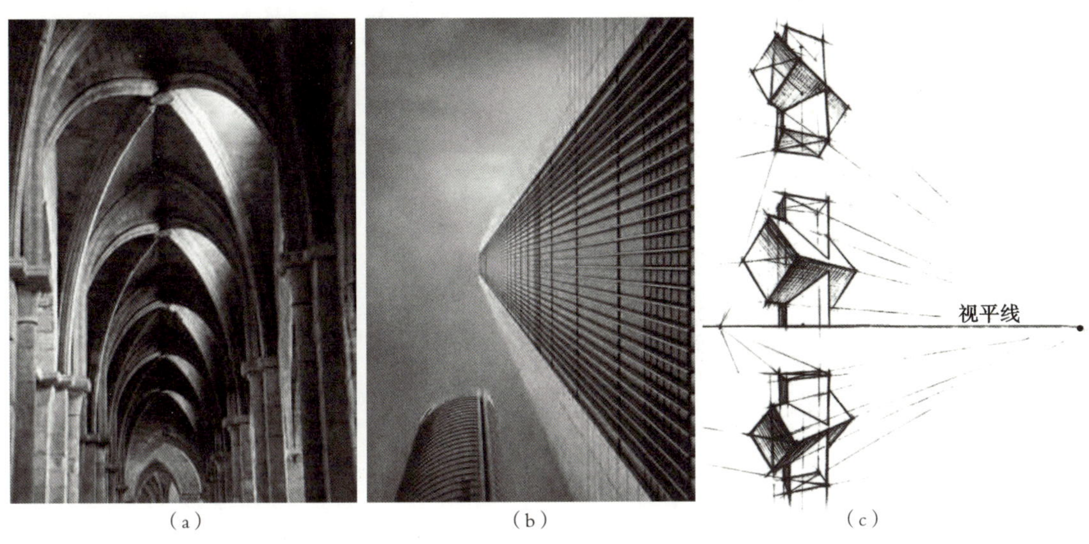

图 3.12 透视的运用
（图片来源：符宗荣《室内设计表现图技法》）

3.2.2 透视学中的常用术语

1）视点、视平线、距点

观察者眼睛的位置为视点。如图 3.13 所示，当观察者注视前方，视线与画面垂直相交的一点为主点（心点），通过主点的水平线为视平线，由观察者的视点到画面的距离为视距，从主点到左右两边距离各等于视距的两点为距点。

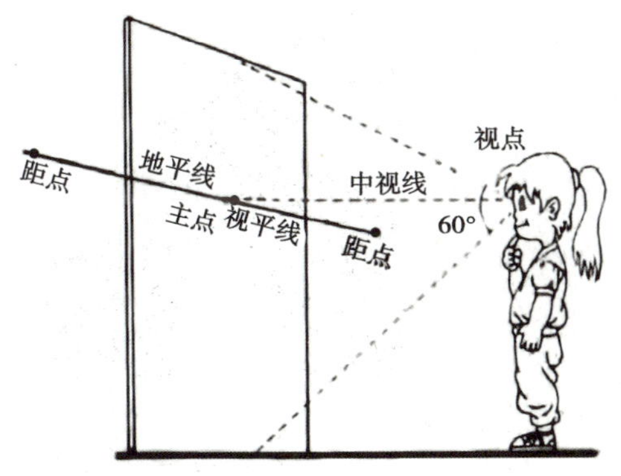

图 3.13 视点、视平线、距点

2）视域

以人眼为视点，头部不转动，眼睛向前看所能见到的范围，称为可见视域。而人眼正常观察范围是以 60° 视角所构成的视锥，这个视锥被画面相截后所获得的视锥底面叫作视圈（图 3.14）。

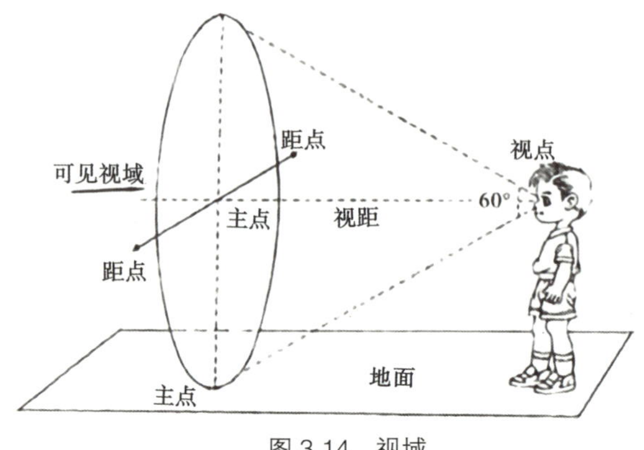

图 3.14　视域

3）地平线

站在宽阔的平地上向前看，远方的天地交界线称为地平线。

4）平视、俯视、仰视

平视时，地平线与视平线重合，地平线就是视平线。俯视时，视平线在地平线的下方。仰视时，视平线在地平线的上方（图 3.15）。

（a）

（b）

（c）

图 3.15　平视、俯视、仰视

5）消失点

消失点也称为灭点。直角六面体中，与画面不平行的线段经过延长，逐渐向远方延伸，越远越靠拢，最后集中消失于地平线上的一个点，这个点就叫消失点。

6）原线、变线

凡是与画面平行的直线都是原线，原线在透视方向和分段比例上不发生变化：原来是水平的，看上去仍然是水平的；原来是垂直的，看上去仍然是垂直的。原线在透视长度上是越远越短。凡是与画面不平行的直线都是变线，相互平行的变线都向同一个消失点集中（图 3.16）。

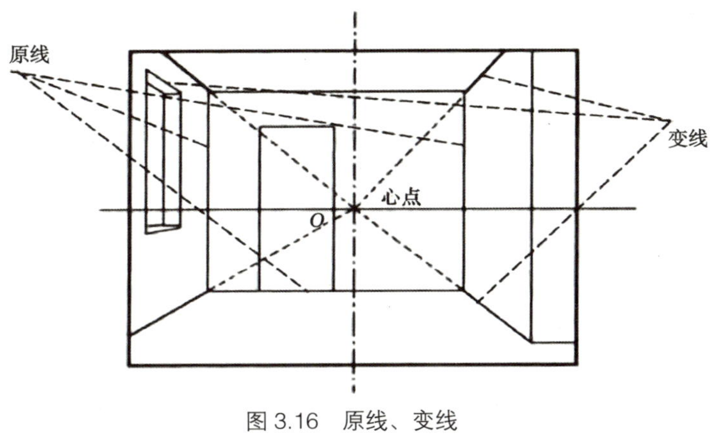

图 3.16　原线、变线

3.2.3　一点透视

1）一点透视的概念及特点

当水平位置的直角六面体有一个面与画面平行时，其消失点只有一个（主点），这样的透视图即为一点透视（图 3.17）。

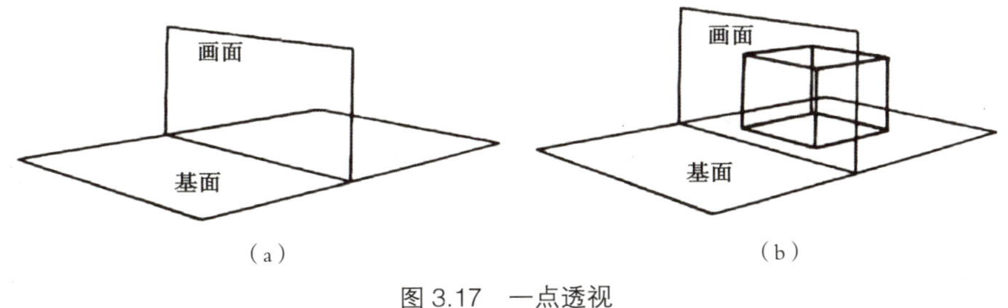

图 3.17　一点透视

一点透视有两个特点：一是平行画面的平面保持原来的形状。平行画面的轮廓线方向不变，没有消失点。水平的保持水平，直立的仍然直立。二是与画面不平行的轮廓线垂直于画面，这些线集中消失于一点（主点）。

2）一点透视的透视规律

一点透视只有一个主向消失点（主点）。如图 3.18 所示，平行直角六面体在一般情况下能看到三个面，在特殊情况下只能看到两个面或一个面。

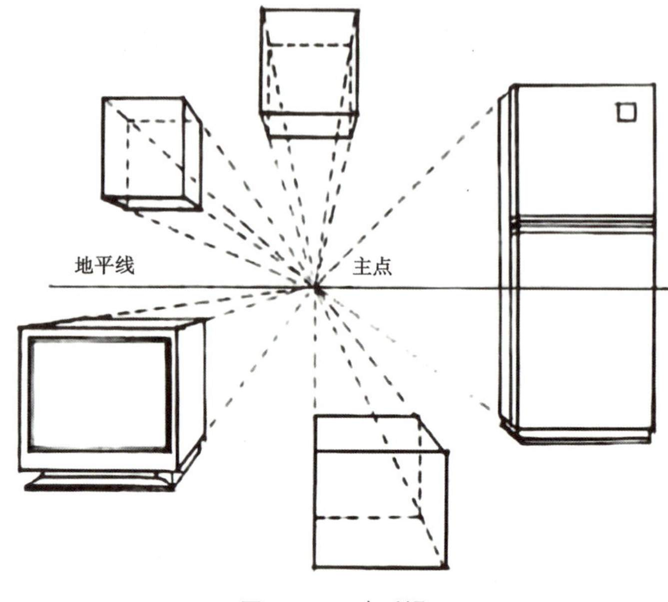

图 3.18　一点透视

3.2.4　两点透视

两点透视又称作成角透视。当水平放置的直角六面体与画面呈一定角度，两侧面的线条向左右两个消失点集中，这样的透视图叫两点透视（图 3.19）。

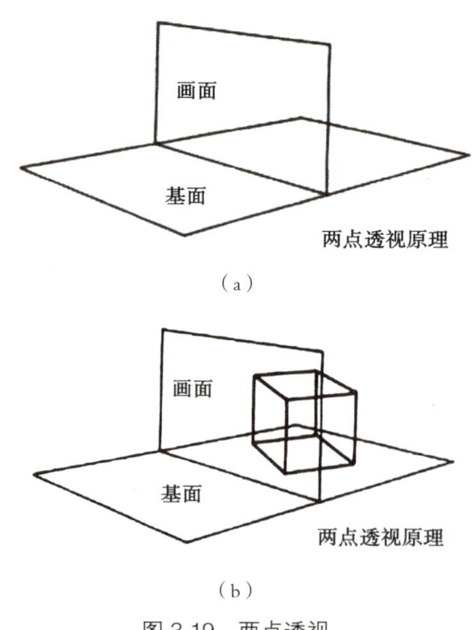

图 3.19　两点透视

两点透视表现出的画面效果较自由，具有活泼、生动的特点，具有很强的真实性，且有变化多样、纵横交错的特点，有助于表现复杂的场景及丰富多彩的人物活动（图 3.20）。

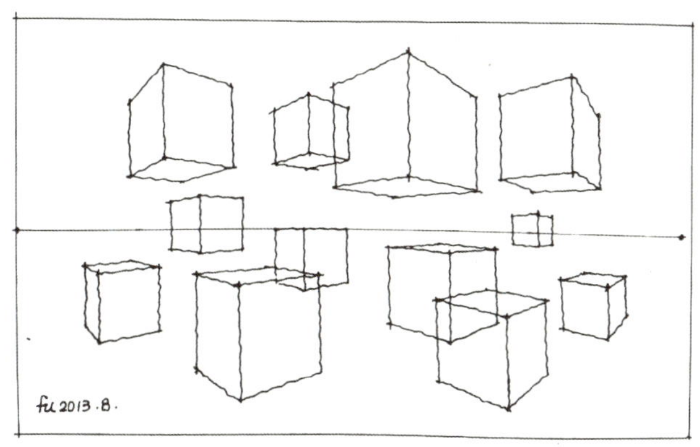

图 3.20 两点透视
（图片来源：符宗荣《形态设计素描》）

3.2.5 透视相关练习

1）正一点（平行）透视练习

所有形体的横向水平线均呈平行状态。离中心点越远，形态越失真（图 3.21）。

2）偏一点（非平行）透视练习

中心焦点偏移，形体横向水平线朝焦点偏移的反方向略倾斜，远处实际存在一个消失点（图 3.22）。

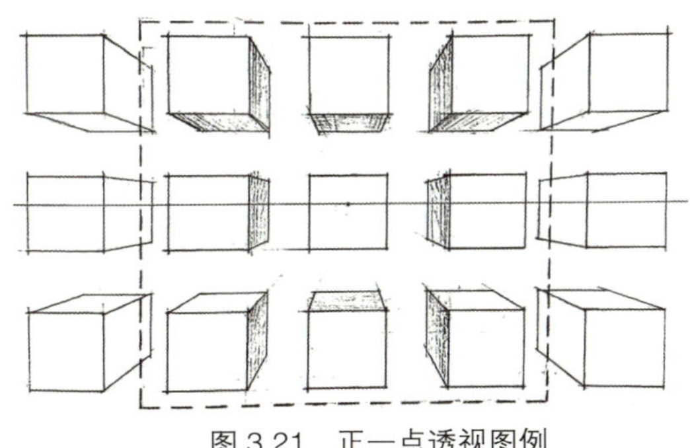

图 3.21 正一点透视图例
（图片来源：符宗荣《形态设计素描》）

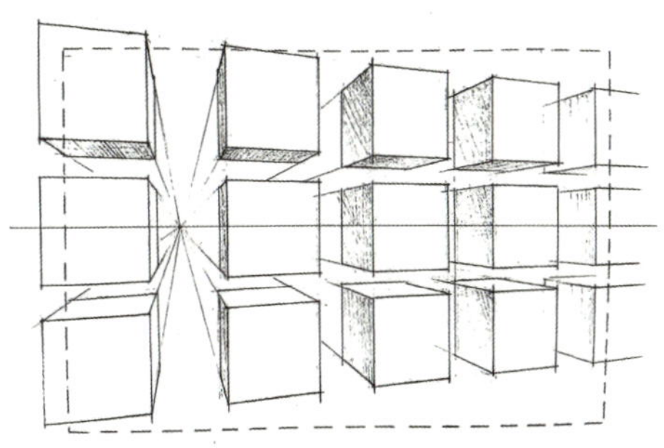

图 3.22 偏一点透视图例
（图片来源：符宗荣《形态设计素描》）

3）建筑透视练习

假想一套形体简单的建筑平面、立面的几何形体，并确定其视平线及消失点。要求按照透视原理及对比例的判断，画出其三维空间的立体形态速写（图 3.23）。

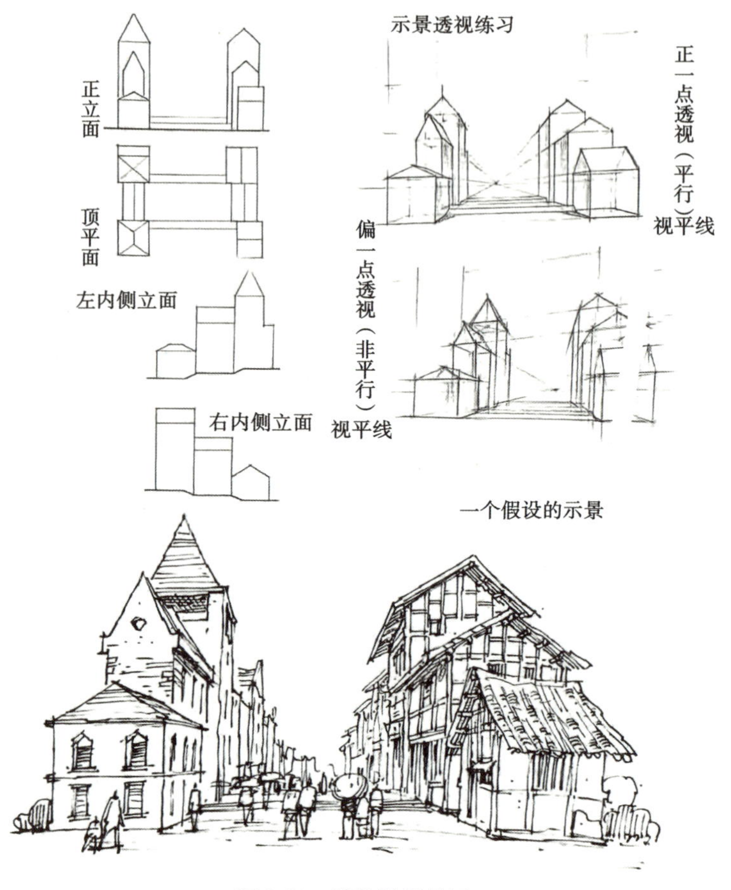

图 3.23　建筑透视练习

（图片来源：符宗荣《形态设计素描》）

3.3　钢笔技法表现

3.3.1　钢笔画艺术的特点

忽略色调、光线等体面造型元素后，线条成为钢笔最活跃的表现因素。钢笔线条有良好的兼容性，无论是单线勾勒，还是以线带面，都有很好的效果。因此可以说线条是钢笔画艺术的灵魂（图 3.24）。

但钢笔画也有局限性，它无法像铅笔、炭笔和水墨那样依靠自身材料的特点画出浓淡相宜的色调。钢笔色调是深浅一致的，这是钢笔画作品的局限，然而钢笔画仍然能用一种色调表现出物体的黑白灰关系。线条具有抽象性，这是它的基本特点。线条通过反复运动、组合、累积，可以形成对物体的具象表现，这是线条的另一个特点。钢笔画正是在上述特点的基础上实现了对物体的概括与表现。如果说其他画种更多的是借助色彩来概括与表现物体，那么钢笔画则完全是通过线条来概括与表现物体的（图 3.25）。

图 3.24　钢笔画
（图片来源：符宗荣《形态设计素描》）

图 3.25　钢笔画

3.3.2　钢笔画的工具与材料

“工欲善其事，必先利其器”，每种手绘表现技法的特点都是由本身的工具、材料和艺术表现技法决定的。不同型号和种类的钢笔画出的画面有不同的风格，如有的线条简练、概括，有的线条活跃、粗放。

1）笔

（1）钢笔

钢笔是钢笔画中最基本的作画工具，最为常见的是日常书写的自来水笔。

（2）美工笔

在钢笔画创作中，画家们为了得到宽窄不同、变化有序的线条，同时又方便进行大面积的笔触涂抹，经常选择美工笔作为辅助工具。美工笔笔尖弯曲的构造使它能很好地适应速写的快速性和概括性特点［图 3.26（a）］。

（3）针管笔

针管笔发明于 20 世纪 50 年代，因其使用上的便利和精确性在工程制图上受到广泛欢迎。针管笔针管直径的大小决定所绘线条的宽窄，针管直径有 0.1~1.2 mm 各种不同规格，画者可以根据画面需要选择使用不同规格的针管笔［图 3.26（b）］。针管笔勾线的弱点是笔锋缺乏转折变化，而且执笔角度很大，否则会出水不畅。针管笔配合铅笔、尺规等工具画出的线条精确工整，具有很强的设计美感。

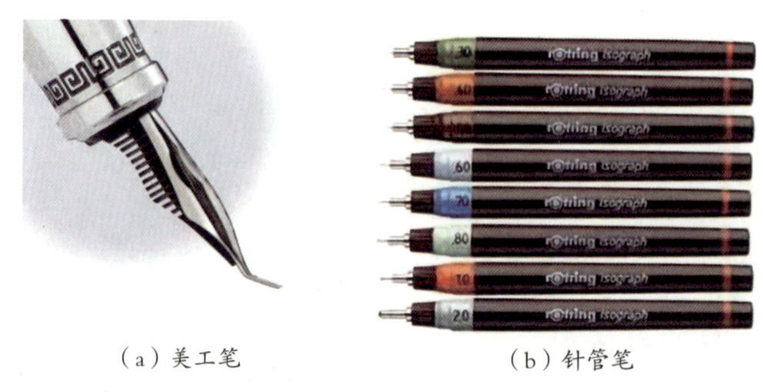

（a）美工笔　　（b）针管笔

图 3.26　美工笔及针管笔

（4）中性笔

中性笔源于日本，是目前国际上流行的一种书写工具。中性笔内装有一种有机溶剂，书写时，墨水经过笔尖便会由半固态转成液态。中性笔墨水最大的优点是每一滴墨水均使用在笔尖上，不会挥发、漏水，墨水流动顺畅，因此也被画家们广泛使用。中性笔的笔尖也分不同型号，常用的是0.38 mm、0.5 mm、0.7 mm和1.0 mm等型号，粗细可以根据需要任选。中性笔价廉物美，保养方便，比较适合初学者使用。

2）墨水

一般情况下，钢笔使用黑色墨水作画。在历史上，赭色墨水在钢笔画中使用较为普遍。在现在的钢笔画、商业插图、设计表现图创作中，彩色墨水使用较普遍，若运用得当，彩色墨水也能创作出有丰富色感的钢笔画作品。

3）纸张

钢笔画对用纸要求不高，一般来说，纸质坚韧、有吸墨性且运笔流畅的纸最为适宜。钢笔画常用的纸张是素描纸、绘图纸、复印纸、速写纸等。通常地，在质地光滑的纸张上作画，线条流畅秀丽；而在纹理粗糙的纸张上作画，线条则能展现纸纹的质感。如果想画出效果特殊的钢笔画，还可以使用有色纸，纸的颜色可以根据画面需要进行选择。

3.3.3　钢笔画的形式要素

1）线条

在造型艺术中，线条是任何画种的学习者都必须深入研究的内容。线的长短、曲直、方圆、粗细、疏密具有很强的形式感和独立审美价值。在钢笔画创作中，画者常通过线条的排列或组合表现画面的色调与明暗块面关系，使钢笔画获得视觉上完整的素描关系。

（1）平行线

平行线排列是组成笔触的基本方式。平行线的排列有垂直、水平、倾斜、弯曲等多种形式，每一种形式都有着自身的表现力。直线的排列适合表现光线和阴影以及渐次退远的空间色调(图3.27) 。

（a）　（b）

图 3.27　平行线

（2）波状曲线

波状曲线的排列在视觉上有很强的动感和节奏感（图 3.28）。在表现物体的性质和状态方面，波状曲线适合刻画木头的纹理和水的涟漪。

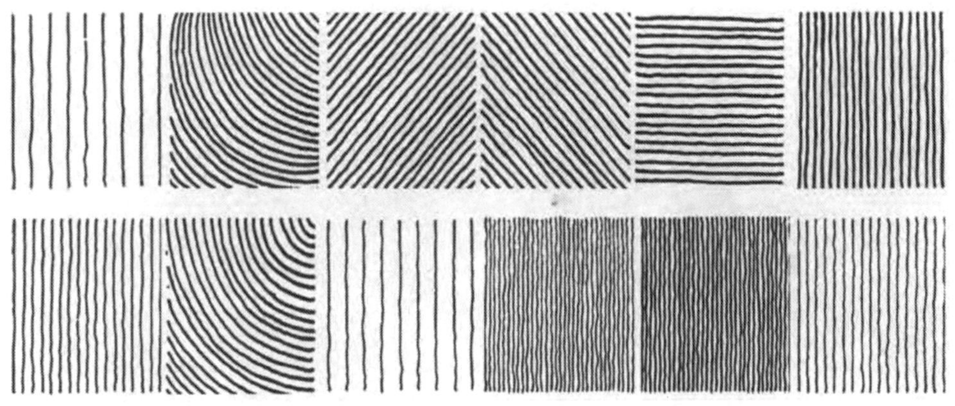

图 3.28　波状曲线

（3）交错线条

交错线条的叠加可以用来强化粗糙的表面质感和逐步加深的明度关系。交错线条的排列方向能够暗示形体表面的起伏和转折。细腻的交错排线则能展现出动人的光环境。

（4）放射状线条

放射状线条具有明确的方向性和运动感，常在画面中成簇出现，适合表现草丛、灌木、皮毛的效果（图 3.29）。使用大面积的放射状线条可以增强画面的空间动感。

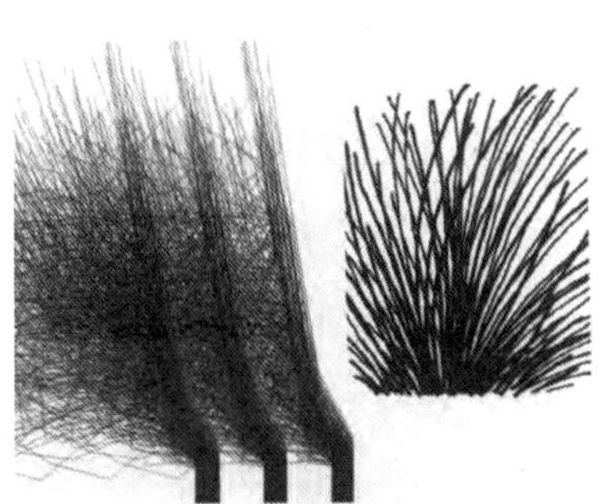

图 3.29　放射状线条

（5）涂鸦式线条

涂鸦式线条在钢笔画中运用很广泛，它没有明确的形状和轮廓，给人一种轻松自由、蓬松柔软的感受。这种线条也适合表现茂盛的树丛。涂鸦式线条有很强的自发性，在钢笔速写中使用较频繁。

涂鸦式线条看似捉摸不定，但隐含着对色调和形体结构的交代，它有着独特的运动节奏和统一性（图 3.30）。

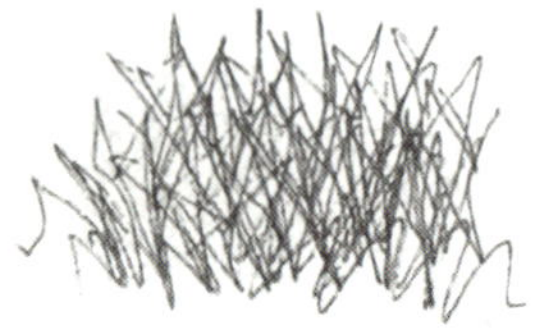

图 3.30　涂鸦式线条

2）色调

色调指画面上表现思想、情感的色彩及色彩的浓淡。任何一种线条排列都能形成色调和明度的变化。钢笔画中体面、光线、质感、空间的表现都离不开色调和明度的变化。

3）肌理质感

许多物体的表面状态是通过肌理质感来表现的，不同的线条形成的变化能创造出不同的肌理质感（图 3.31）。

图 3.31　肌理质感

3.3.4　钢笔画的构图形式

构图就是安排画面。任何形式的画面，应做到既均衡又多样统一。所谓均衡，就是画面上下左右部分，在视觉上给人以“势均力敌”的感觉。这里的均衡不等同于平衡，画面过于对称或平衡，就会显得呆板。均衡不是靠画面上物体数量的相等和色调等同来获得的，对均衡的把握还需要对画面进行理解。在画面上要实现均衡，首先是依靠构图的处理，其次是通过视觉的感受和色调的配置来实现。

构图是写生成功与否的重要因素之一，构图形式与绘画内容有直接的关系，要求在统一与变化的原则下产生对比、均衡、节奏和韵律等。不同的构图有不同的视觉效果。如图 3.32 所示，构图形式繁多，常见的有水平线构图、垂直线构图、三角形构图、“S”形构图、对角线构图等。

①水平线构图：有开阔、平远的感觉。

②垂直线构图：有高耸、升腾的感觉。

③三角形构图：不同的倾斜度会产生不同的稳定感。作画时可根据不同需要，将描绘对象处理成不同倾斜角度的三角形，营造不同三角形构图的艺术效果。

④“S”形构图：给人以轻柔和流动之感。

⑤对角线构图：能有效利用画面对角线的长度，同时也能使配景与主体发生直接关系，使画面更具纵深感。

（a）水平线构图　（b）三角形构图　（c）“S”形构图

（d）垂直线构图　（e）三角形构图　（f）对角线构图

图 3.32　构图形式

3.3.5 建筑画配景与气氛

建筑物不是孤立的，它总是存在于一定的自然环境之中，必然和自然环境中的景物有紧密的联系。建筑画配景包括树木、人物、车等（图 3.33、图 3.34），虽然都是“配角”，但是它们起着烘托、装饰主体建筑物的作用。如果没有这些“配角”，建筑物就像模型，枯燥乏味，机械僵硬。有了配景，建筑物才显得丰富多彩，生机盎然（图 3.35）。

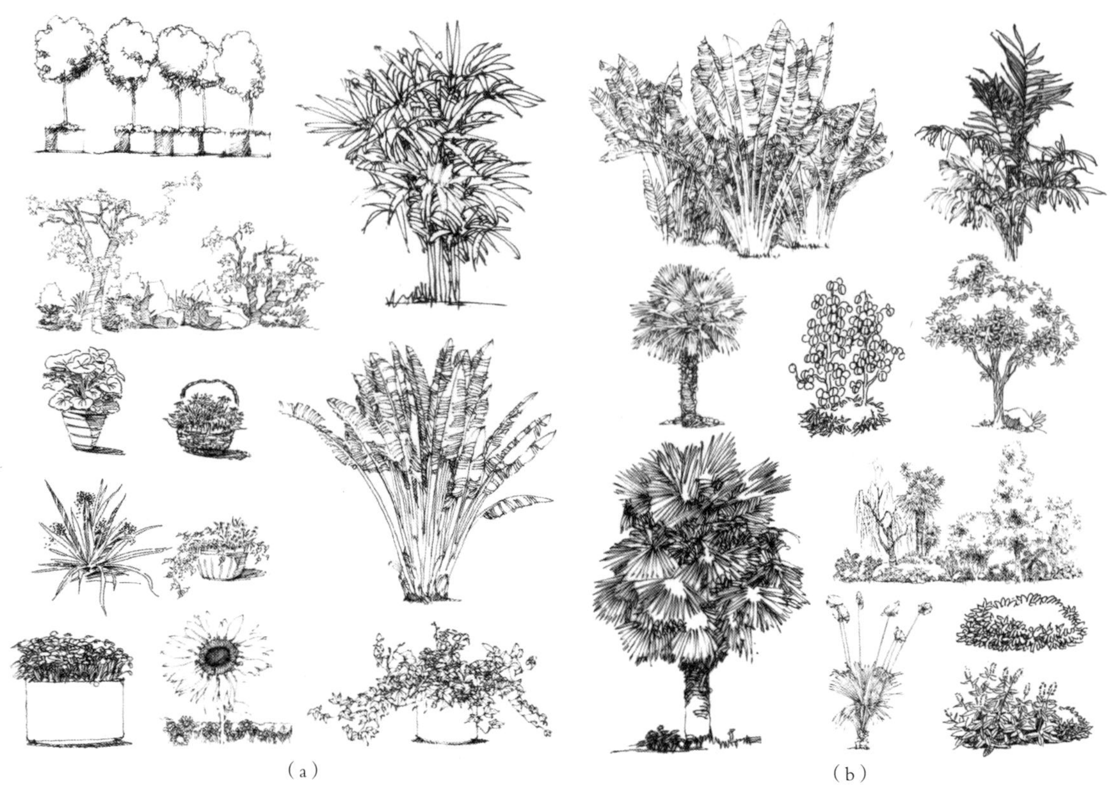

图 3.33　植物配景

图 3.34　人物配景

（a）（b）

（c）（d）

（e）（f）

（g）

图 3.35　建筑画

3.4　马克笔技法表现

3.4.1　马克笔

马克笔分为油性和水性两种。马克笔无须用水调和，着色简便，绘制速度快，这些特点使其成为建筑设计、室内设计、广告设计、服装设计等行业必备的绘图工具之一。

马克笔中间色丰富，色彩透明，可叠加，能形成丰富的变化，也可与彩铅、水彩笔等工具组合使用。常用品牌有中国 FINECOLOUR、韩国 TOUCH、美国三福、日本美辉等。初学者在选购马克笔时可多选择灰色系列，冷灰和暖灰各准备一套，纯色系列可根据绘制对象选用（图 3.36）。

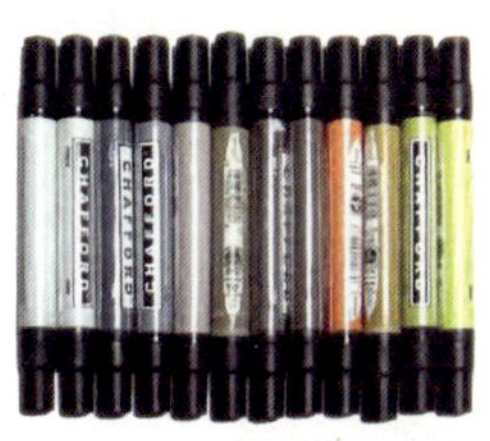

图 3.36　马克笔

马克笔具有较强的表现力，作画方法为由浅入深，由远及近，不宜过多涂改、叠加，否则会导致色彩混浊、肮脏。

3.4.2　绘图用纸

对于马克笔画而言，纸张是极其重要的材料。马克笔的画幅通常不宜过大，多以三号以下图纸绘制，最大也不宜超出两号图纸。常选用的图纸如下：

（1）复印纸

其特点是价格便宜，纸面光滑，呈半透明状，吸水性能较弱，宜表现干画法［图 3.37(a)］。

（2）水彩速写本

其特点是纸张厚实，纹理较粗，吸水性强，是结合水彩、水色画法的理想纸材［图 3.37(b)］。

（3）卡纸

其特点是表面光滑，吸水性能差，几乎不吸收颜色，颜色大多停留在纸面上，容易保持色泽纯度。其完成的作品色彩鲜明，适宜表现干画法［图 3.37(c)］。

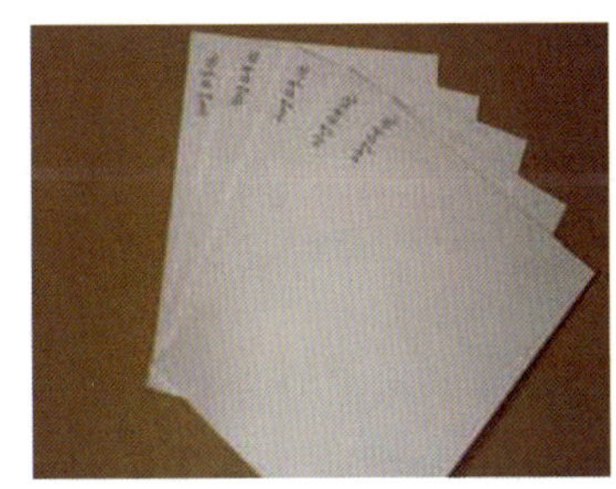

(a) 复印纸

(b) 水彩速写本

(c) 卡纸

图 3.37　复印纸、水彩速写本、卡纸

（4）有色纸

采用有色纸［图 3.38(a)］是一种较便捷的作画方法。要根据画面内容以及表现色调选择相应颜色的有色纸，还要与主体景物的颜色一致。选择有色纸可以省去大量中间调子的铺设，只需要强调亮部和暗部。正常情况下，中间调子是画面的主体色。

（5）硫酸纸

其特点是表面光滑，耐水性差，沾水会起皱，质地透明，易复制。色彩可在纸的正反面互涂，以获得特殊的效果，完成后须装裱在白色纸上。硫酸纸［图 3.38(b)］特别适宜采用油性马克笔作画。

（a）有色纸

（b）硫酸纸

图 3.38　有色纸、硫酸纸

3.4.3　辅助工具

1）针管笔

针管笔（图 3.39）是绘制图纸的基本工具之一，能绘制出均匀一致的线条。常见类型的针管笔的特点如下：

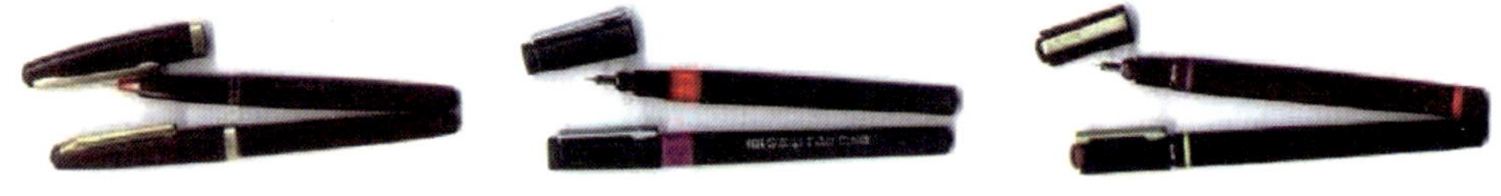

图 3.39　针管笔

（1）国产针管笔

价格相对较低，品牌较多，选购时要注意区分。

（2）进口针管笔

以德国红环、日本樱花、日本三菱为多，制作精致，型号齐全，书写自如，价格较高。

（3）合资针管笔

制作精致，型号齐全，价格适中，受到广大设计师的喜爱，是目前使用广泛的一种针管笔。

针管笔使用完后，要进行适当保护。若长期不用，须拆卸后用清水浸泡洗净，以便下一次使用。

2）透明直尺

用马克笔作画，初学者往往难以绘制粗细均匀及挺直的线条，徒手绘制一些较长的线条时，容易出现扭曲、无力的现象。借助透明直尺，可使线条挺直、均匀，也可观察画面，有助于作图。同时，须准备卫生纸或抹布，以便随时擦去透明直尺上的颜色污迹，避免继续作图时污染画面。

3）便笺纸

初学者在画直的边界时，边缘线往往呈现参差不齐的锯齿状。借助便笺纸（图 3.40）有黏性的一边做简单迅速的遮盖，画时依次铺排线条，揭开便笺纸，边缘线会显得挺直且干净（图 3.41）。

图 3.40　便笺纸　　图 3.41　便笺纸使边界整齐

4）彩色铅笔

彩色铅笔，即彩铅，分为水溶性彩铅和普通彩铅两种。彩铅使用简单方便，色彩稳定，容易控制，多配合马克笔用于刻画细节和过渡面，也可用来表现粗糙质感。水溶性彩铅可结合毛笔使用，用于大面积着色工作。用马克笔在涂绘面积较大的天空或室内顶棚、地面及墙面时，即使是经验较丰富的设计师，也常常会陷入困境。结合彩铅使用，便能很好地解决这一难题。

3.4.4　色彩叠加

一套完整的马克笔按色系进行分类，大致可分为灰色系列、蓝色系列、绿色系列、黄色系列、棕色系列、红色系列、紫色系列。将色彩进行分类后，有利于在作画时更好地寻找颜色。

如图 3.42 所示，马克笔两色的相互叠加，因其先后顺序及干湿程度不同，产生的效果也不同。同时，其效果还和使用的纸张有直接关系。只有熟悉各种绘制方法和材料性能，才能更好地进行马克笔画的创作。

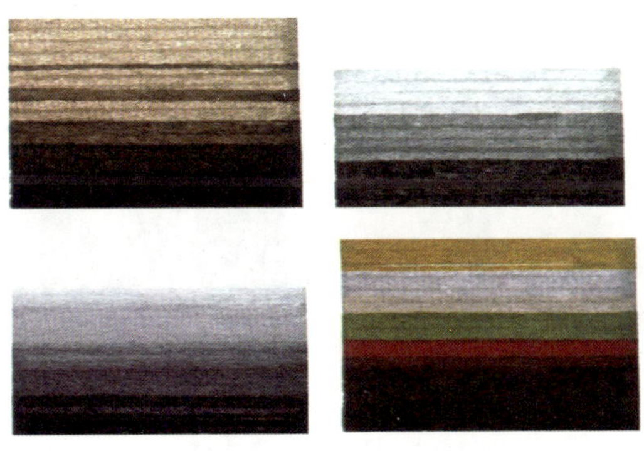

图 3.42　色彩的叠加

（1）单色重叠

同一色马克笔重复涂绘的次数越多，颜色就越深。但过多的重叠，不仅会损伤纸面，而且会使色彩变得灰暗和混浊。

（2）多色重叠

多种颜色相互重叠时，可产生另一种不同的色彩，增加画面的层次感和色彩变化，但颜色种类不宜过多。

3.4.5 马克笔上色

一支马克笔有粗细不等的两头（图 3.43），加上用笔时受力的轻重变化，可绘制出效果不同的线条。笔法的熟练运用以及对线条的合理利用，对于初学者用马克笔表现画面有事半功倍的作用。

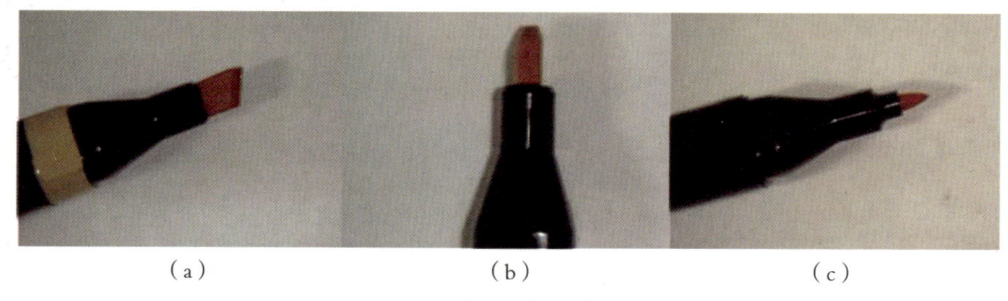

图 3.43 马克笔笔头

马克笔上色要快，不要长时间停顿，以免渗开；沿物体的界面一笔画到头，不宜断开；涂色时一定要顺着一个方向整齐排列；不必将画面铺满，要有重点地进行局部上色。常见的着色方法有三横一破一点法、“Z”字法、点缀法、扫笔法、角铁法（图 3.44）。

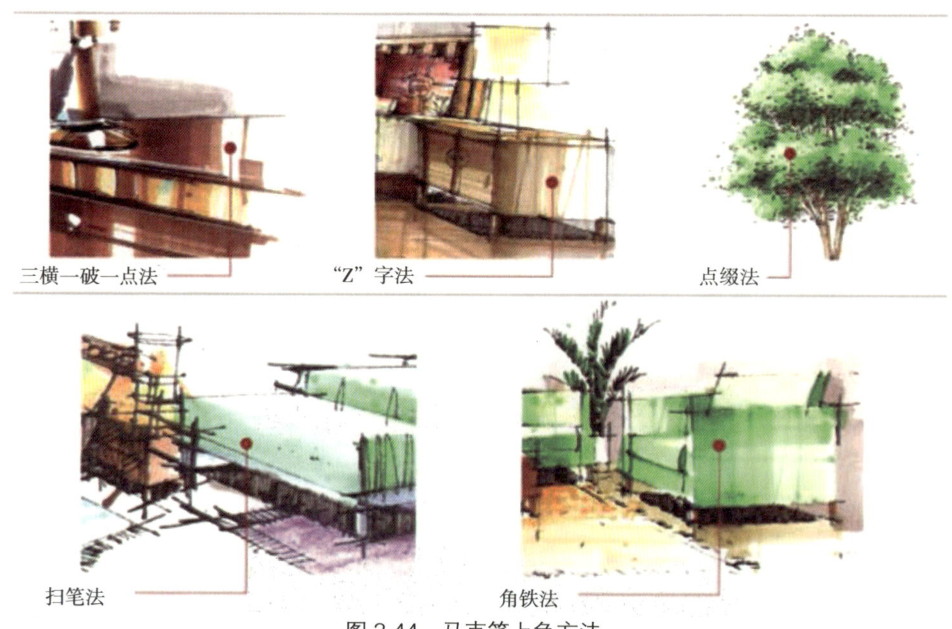

图 3.44 马克笔上色方法

（1）三横一破一点法

“三横”构成块面，“一破”塑造过渡效果，“一点”活跃气氛。

（2）“Z”字法

在块面的基础上，用“Z”字笔触收尾，使物体明暗面均匀过渡。

（3）点缀法

用点状笔触塑造物体的明暗过渡关系，多用于植物绘制。

（4）扫笔法

笔触从纸面扫过，形成起笔重、落笔轻的效果，多用于表现物体亮面或水面的均匀过渡。

（5）角铁法

多用于塑造逆光的矩形物体。

3.4.6 单体及局部训练

1）单体训练

（1）家具单体

家具与陈设是室内设计的主要构成要素，家具与陈设的设计在一定程度上反映并诠释着室内空间的设计理念，人的活动及生理、心理感受也会受到家具与陈设设计的影响。绘制家具单体时，在把握透视、形体的基础上，要注意家具材质的表现（图 3.45）。

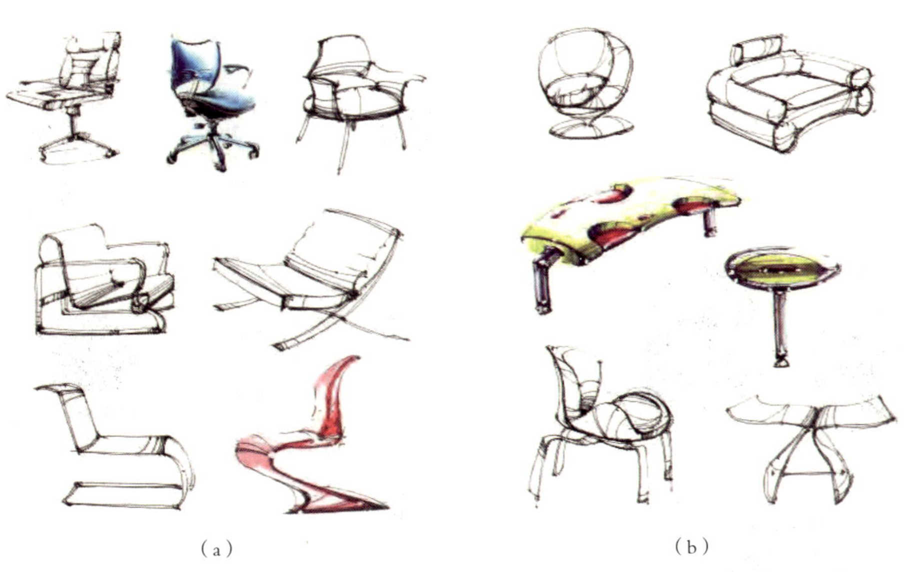

（a）　　（b）

图 3.45　家具单体

(2) 植物单体

任何空间的设计都是为人服务的，植物配景是空间表现图中的重要组成部分，恰当运用反映空间设计属性的植物配景能够起到活跃空间气氛、丰富表现图色彩与力的作用，有助于更好地表达设计理念（图 3.46）。

图 3.46　植物单体

2）局部训练

建筑画的学习是一个由简到繁、从局部到整体的过程。学好局部的处理就不难表现整体的效果。所谓“局部”，往往是指建筑的某一部分、某一构件或室内的某一角落（图 3.47）。

（a）

（b）

（c）

图 3.47　局部训练

3.4.7　临摹

对于初学者而言，临摹是极为重要的一个环节。由于马克笔的特殊性能，初学者可能会无从着手，因此有必要对优秀的马克笔作品和图片进行临摹，以从中得到启发。

1）临摹作品

临摹是学习的重要过程，时常研读并临摹他人的优秀作品，可以从中学习各种表现技能，提高鉴赏能力，领会处理画面要点的方法。

临摹时要选择优秀的马克笔作品，可模仿其形体，仔细研究并总结其用色、用笔规律，再结合自己的理解进行临摹。

2）临摹图片

从摄影图片中可以看到色彩变化微妙的形体和结构严谨的真实画面，可对其进行归纳和提炼，将摄影作品转变为绘画作品（图 3.48）。

初学者平时应注意收集相关的书刊、报纸、照片等，这样既能为以后的设计存储大量的形象资料，又能打开绘画表现的思路，训练手脑有机配合的表现能力，以此打好坚实牢固的绘图表现基础。

图 3.48　临摹图片（学生作业）

DISIZHANG XINGTAI GOUCHENG

第四章　形态构成

4.1 形态构成在建筑艺术创作中的应用

自然界的形态千变万化，形态的构成方式也是多种多样的。在我们生存的空间里，我们每时每刻都在跟周围的环境产生联系。环境是以物的形式存在的。广义的“物”可以分为自律之物和他律之物。自律之物是指自然物，比如山川、飞禽、走兽等。他律之物则是指人为之物，是通过设想和计划而形成的。

形态构成是指有意识地排列某种物品。构成行为必定具有某种目的性，必须有构成元素，还要有一定的构成手法，以上三个条件缺一不可。

自然界中任何物体都是由一些基本要素组成的，这些基本要素按照一定的结构形式形成了一个形态。

4.1.1 形的基本要素

无论什么形都可以分解成简单的基本形，而基本形都是由形的基本要素构成的。形的基本要素是构造各种形的基础。基本形是由基本要素形成的，新形是由基本形组合、排列形成的。

1）概念要素

现代设计的领域按照其呈现的形式可以分为二维空间（平面）、三维空间（立体）以及具有时间因素的多维空间。将这些空间里的形体分解，最终都能得到点、线、面、体，这些抽象化的点、线、面、体称为概念要素。它们不是固定存在的，在不同的空间中有不同的概念。它们之间可以通过一定方式相互转化。

2）视觉要素

根据日本朝仓直巳在《艺术·设计的立体构成》中的划分方式，视觉要素可以划分为形、色、质三个大的方面。其中，形可以划分为点、线、面和空间；色可以划分为色相、明度和纯度；质指材料的质地。

（1）点

点在生活中无处不在，比如仰视夜空时看到的点点繁星，在高楼下俯视路面时看到的人和车，再比如地图上的城市以及沙粒、标点符号等，不胜枚举。在几何学的定义里，点只有位置而没有大小，点是线的开端和终结，是两线的交叉处。在平面构成里，点是个相对概念，只在对比中存在（图 4.1）。

形态构成意义上的点是一种构成元素。点的形态通常具有以下特征：面积小；处于交叉位置或者两端尽头；分散。

①实点：指平面构成中作为图形的点和立体构成中较小的实块。

②虚点：指平面构成中因图底转换而形成的点。立体构成中实块的虚空处理较小时，也能将其看作虚点。

③线化的点：指距离较近的点呈线状排列时，间隔之间似乎有引力，点的感觉弱化，变成线的感觉（图 4.2、图 4.3）。

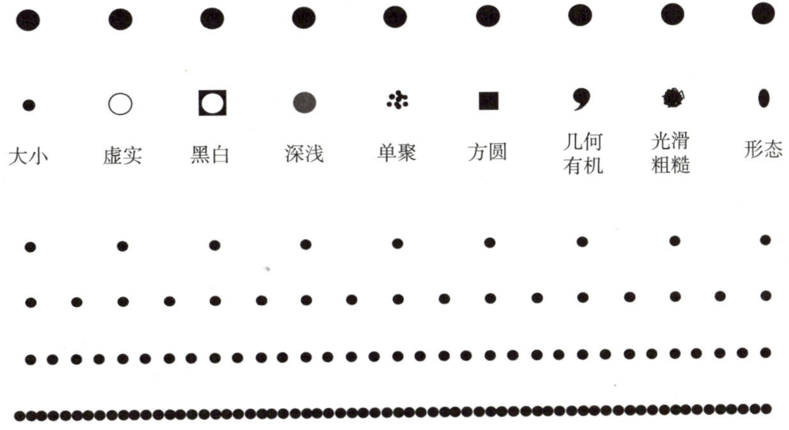

图 4.1　点的形式

图 4.2　线化的点

图 4.3　线化的点的应用——马赛克拼花

④面化的点：指一定数量的点在一定范围内集中而形成面的感觉（图 4.4）。

（2）线

线是点移动的轨迹。数学中的线有长度、方向和位置，没有宽度；而作为视觉要素中可见的线，它有一定的宽度。造型中的线，必须有形态、粗细、长短和方向。

①实线：指平面构成和立体构成中真实的线。

②虚线：指图形之间线状的空隙（图 4.5）。

③面化的线：指大量的线密集排列而形成面的感觉，这样的线即面化的线（图 4.6）。

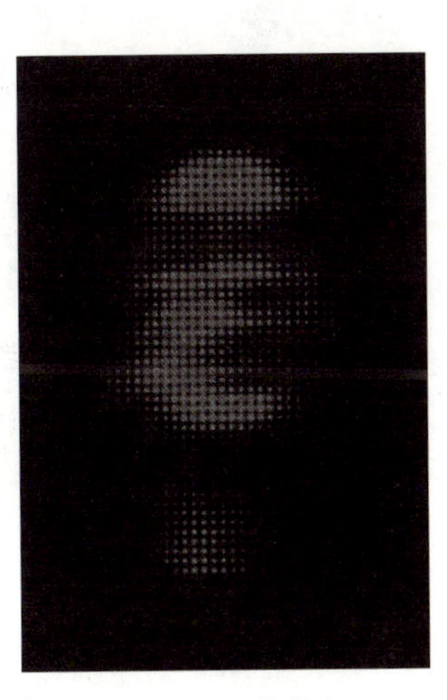

图 4.4　面化的点

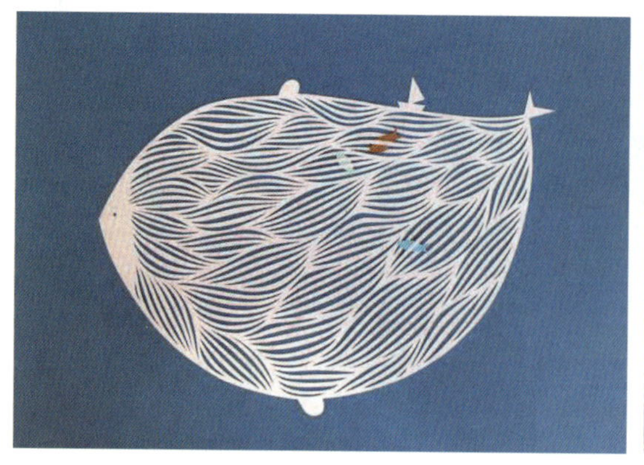

图 4.5　虚线

图 4.6　面化的线

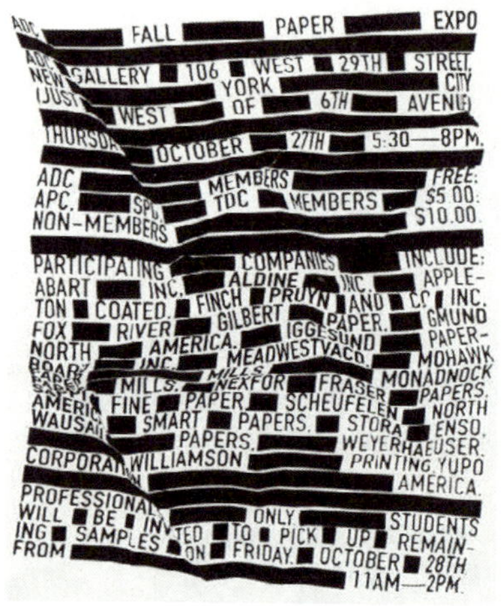

图 4.7　消极的线

④体化的线：在三维空间里，一定数量的线排列或围合成体状，形成体的感觉，这样的线即体化的线。

⑤消极的线：指面的交接或体的交接而形成的线。它不是直接画的线，只是间接营造出线的感觉（图 4.7）。

（3）面

面可以视为线移动的轨迹或者围合体的界面。面可以是二维的，也可以是三维的（当一个体较薄的时候，它就可以被看作一个面）。面可以分为几何形、有机形、偶然形。

①实面：指平面构成和立体构成中真实的面。

②虚面：指平面构成的“底”。立体构成中的虚面可通过对体块的处理得到（图 4.8）。

③线化的面：指当面的长宽比例较大时，面就转化成线（图 4.9）。

④体化的面：将各种面围合或排列而形成体的感觉，这样的面即体化的面。

图 4.8　虚面

图 4.9　线化的面

（4）体

在生活中，大多数物体是体块状的。由于其外表及轮廓不同，体的形态千变万化。将体的形态对应于二维的点、线、面，可划分为块体、线体、面体。体的长宽高比例不同，给人们带来的感受不同。

①实体：指完全充实的体，或至少表面的观感如此。

②点化的体：指当体的长宽高比例大致相当时，并且与周围的环境相比较小时，体就被视为点。

③线化的体：指体在长宽比例较大时可视为线，大量的线集中时也能变成体，比如建筑中束柱的处理就是如此。

④面化的体：体在形状较扁时，就可以被视为面。

4.1.2　形的心理感受特征

形的心理感受又称为视觉心理。视觉心理相当复杂，这里仅就形的基本要素的心理感受特征做一些简单的介绍。

1）点的心理感受特征

如图 4.10 所示，点在画面中所处的位置不同，会给人以不同的心理感受。当圆点的中心与画面中心重合时，它显得最为稳定。当圆点偏离中心时，我们感觉偏离方向的边线正在吸引它，这时候的点就有了方向感和动感。这是由实际范围的中心和偏移的点之间产生的视觉紧张感引起的。

2）线的心理感受特征

线有曲直、粗细、浓淡、流畅与顿挫之分，也有理性、抒情、平稳、上升等情感体现。线所处的位置以及形状、方向不同，给人以不同的心理感受。

如图 4.11 所示，不同的直线对视觉感受有较大的影响，例如垂直线给人重力感、平衡感；水平线给人稳定感；斜线给人运动感；曲线给人张力感。不同形状的曲线有不同的效果，如自由的曲线给人强烈的运动感，而半圆曲线封闭感较强，圆圈则给人稳定感。

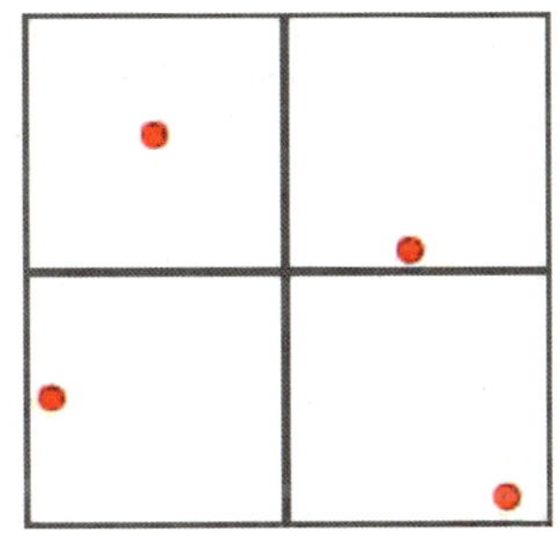

图 4.10　点在一定范围内的心理感受特征

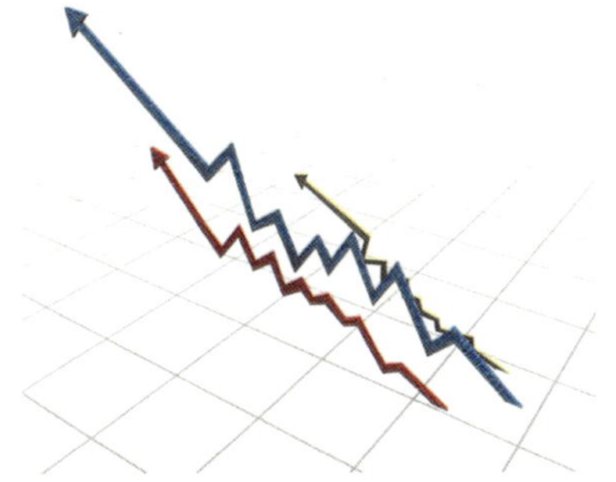

图 4.11　不同线形的心理感受特征

3）面的心理感受特征

面既给人延伸感、力量感，还给人紧张感、动感。比例、形状、颜色、质感等是影响面的心理感受的主要因素。例如，深色面要比浅色面看起来更有分量；同图形的两个大小不一的面，大面会让观者觉得距离比较近；同样图案的浅色的面比深色的面感觉更柔软。

4）体的心理感受特征

体一般会给人敦实感、安定感，但是当体因长宽高之比不同而呈现块材、线材、面材的状态时，其心理感受也分别呈现出点、线、面的特征。同时，体表面的颜色、肌理等也会使人们的心理感受发生变化。

4.2 形

4.2.1 基本形

基本形是由点、线、面、体构成的且具有一定几何规律的形体。由于基本形具有一定的秩序，因此人们常常把它当作直接使用的“材料”。为了便于研究，将基本形归纳成如下 6 种：

①点：有几何点、有机点和偶然点 3 种。几何点是用集合形法则构成的形，制作方便，容易复制。越简单、规则的形，识别性越强，越容易记忆。有机点是自然界中存在的形态，是流动而有弹性的曲线构成的形态。偶然点是应用特殊技法或材料获得的偶然的形态，偶然点是难以预料的点，正好与几何点相反，是无法重复的不定形。

②线：有直线和曲线两种。直线包括不相交的线、相接的线和交叉的线等。曲线包括开放的曲线和封闭的曲线。

③面：有几何形、有机形和偶然形等。

④体：有几何体、有机体和偶然体等。

⑤同形分解群化构成：以一个简单的基本形为单位，如方形、圆形、矩形，将其分解为“次基本形”，然后按照构成的形式重新组合，做空间与形态的再造。

⑥同形自由分解构成：将圆形、矩形等单纯几何形态的原始母体做任意形态的自由分解，构成丰富多样的构成形式。形与形组合构成，构成形式要符合形式美感规律。形重组时，要注意画面须保持均衡感，形与形的疏密关系要恰当，重新组成的图像应工整、美观。

4.2.2 形与形的基本关系

1）分离

分离指形与形之间不接触，有一定距离，在平面空间中呈现各自的形态，空间与面形成了相互制约的关系（图 4.12）。

2）接触

接触指面与面的轮廓线相切，并由此而形成新的形状，使平面空间中的形象变得丰富而复杂（图 4.13）。

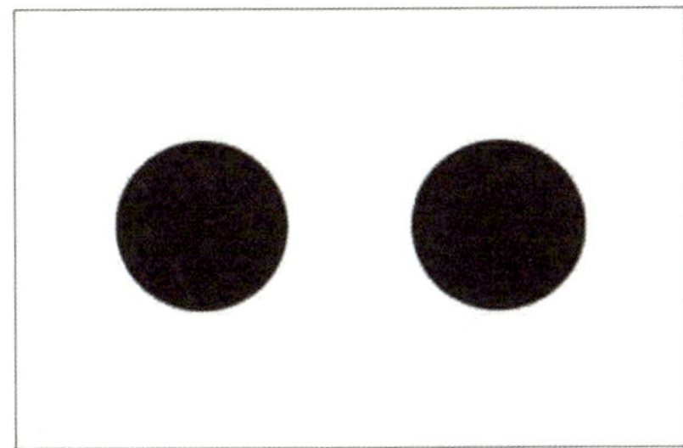

图 4.12 分离

图 4.13 接触

3）覆盖

形与形覆盖，由此产生上下、前后、左右的空间关系（图 4.14）。覆盖是表现深层次关系的一种方法。

4）透叠

透叠指形与形之间透明性地相互交叠，但不产生上下、前后的空间关系。与覆盖不同，透叠不产生掩盖另一形的轮廓，也不存在前后层次关系（图 4.15）。

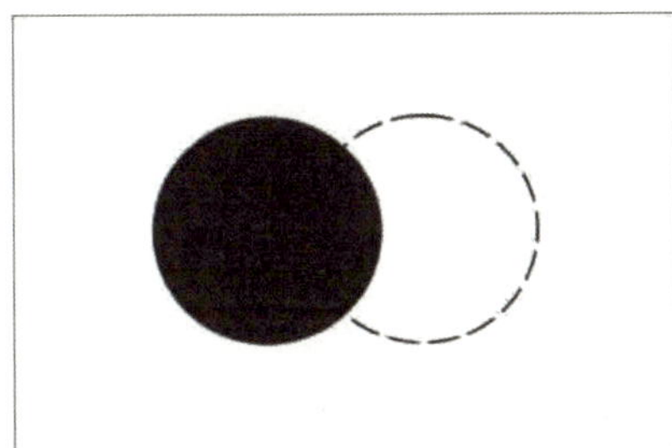

图 4.14 覆盖

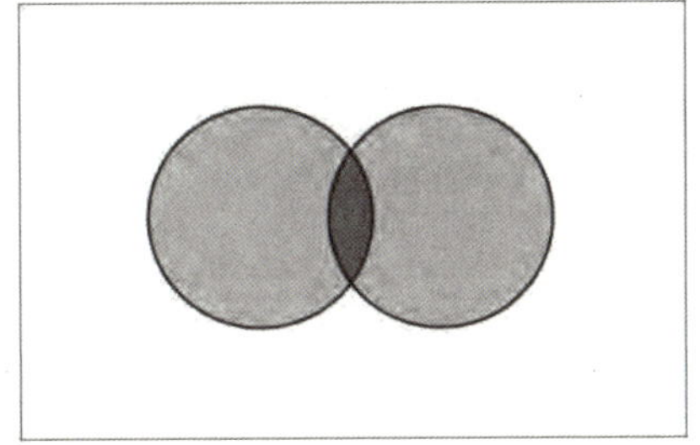

图 4.15 透叠

5）联合

联合指形与形之间相互结合成为较大的新形状。联合的形象应在同一空间平面上，其色彩及肌理须一致或缓慢地变化，产生合二为一的整体感觉（图 4.16）。

6）减缺

减缺指一形在被另一形覆叠时，一形减去另一形，产生新的形。原形被减缺后，比原形面积小且会产生新的形（图 4.17）。

图 4.16 联合

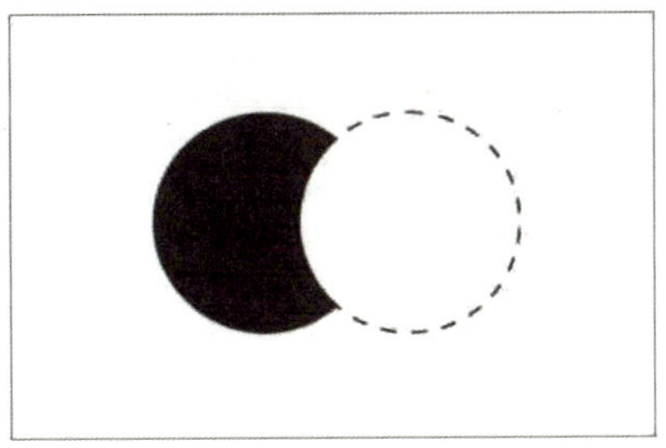

图 4.17 减缺

7）差叠

差叠指形与形之间相互交叠，交叠的地方产生新的形（图 4.18）。

8）重叠

重叠指形与形之间相互重合，成为一体（图 4.19）。

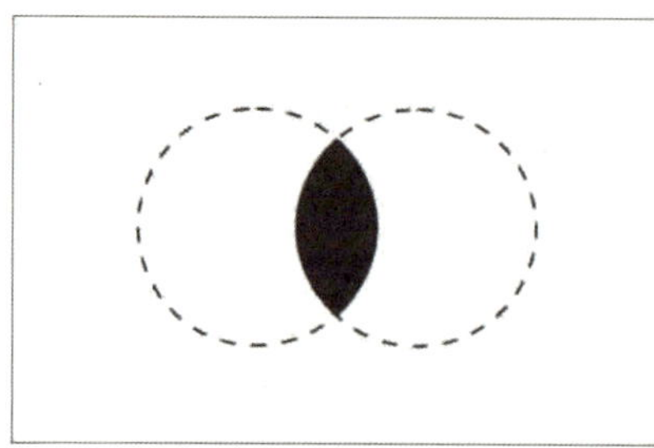

图 4.18　差叠

图 4.19　重叠

4.2.3　形的构成

形的构成是指将相同或者不同的形进行重新组合，赋予其新的视觉化内容。形的构成有重复、渐变、发射、对比、特异、肌理等形式。要求形与形之间组合紧凑、严密，图形设计要求完整、美观，还应注意组合后的平衡和稳定感。

1）重复

重复构成是指画面或造型中形态、线条、色彩的相同和多次出现。重复是构成中常用的手法之一，形式较为平稳、规律化、秩序化，具有很强的形式美感。采用重复的形式构成内容，能加强人对形象的视觉记忆效果（图 4.20）。

形的构成中，用来重复的形状称为基本形。每一个基本形为一个单位，然后以重复的手法进行组合设计，重复的构成类型有基本型重复、大小重复、色彩重复、方向重复等。

（a）　　（b）

图 4.20　重复

2）渐变

渐变构成是一种逐渐的、有规律的变化，富有节奏感，给人较强的视觉冲击力。渐变包括形态、色彩、大小、虚实、方向等（图 4.21）。渐变有缓急快慢之分，即由缓转急或由快转慢，在排列上有由上而下、由左至右和多元化渐变等方式。

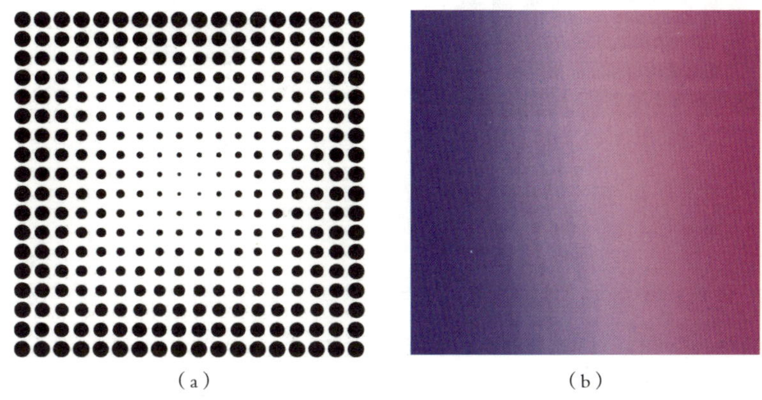

（a）　　（b）

图 4.21　渐变

3）发射

发射构成是以一点或多点为中心呈现出的爆炸、扩散视觉效果，具有较强的视觉张力及强烈的焦点、方向性和动态效果（图 4.22）。

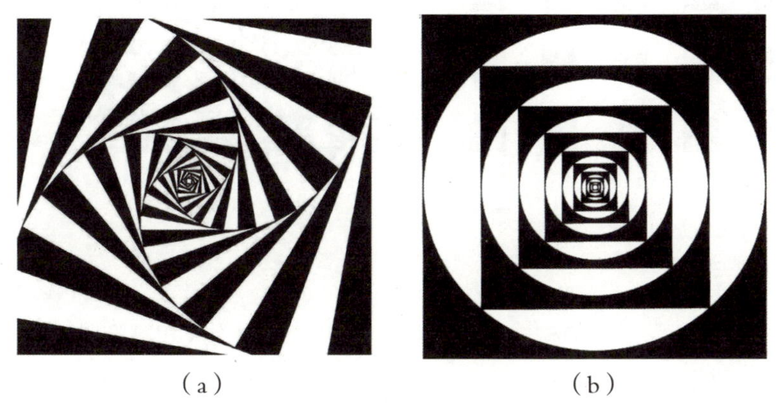

（a）　　（b）

图 4.22　发射

4）对比

对比构成是构成中最常见的一种，有变化就有对比，任何相反或者相异的状态都能形成对比。对比是把具有差异、对立、矛盾性质的要素组织起来所产生的构成手法。对比给人深刻的印象，根据类型不同可分为大小对比、形态对比、虚实对比、色彩对比、疏密对比、肌理对比等（图 4.23）。

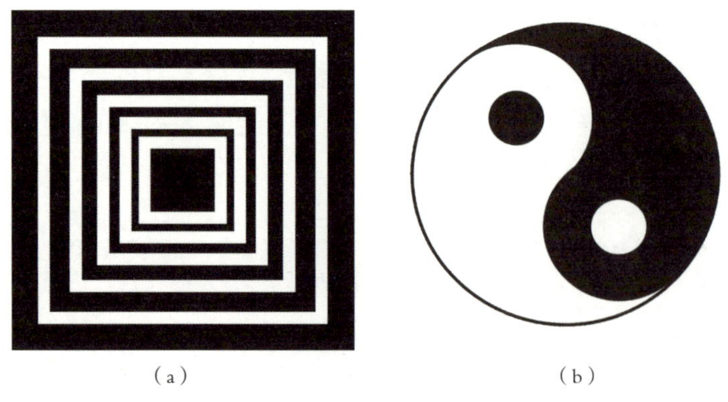

（a）　　（b）

图 4.23　对比

5）特异

特异构成是在原有规律或秩序的前提下产生的变异，以突破较为规范的单调构成。特异的部分通常为视觉中心，能引起人的注意，且比例不宜过大。在使用特异时，基本形只要有一项或者两项视觉元素即可，特异构成的因素有大小、色彩、位置、形状、方向及骨骼等形式（图 4.24）。

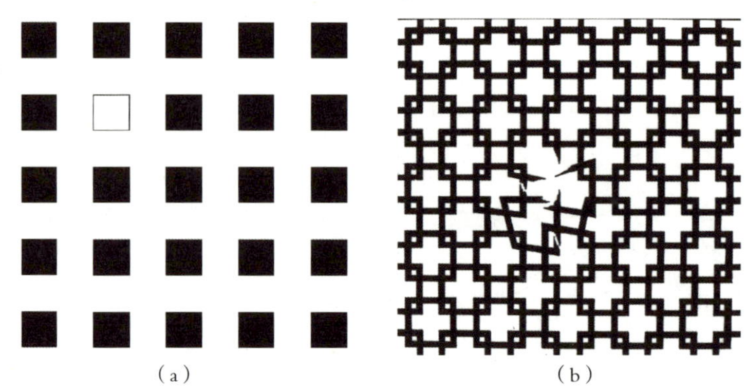

（a）　　（b）

图 4.24　特异

6）肌理

肌理构成是指物体表面形态的构成关系，可分为视觉肌理构成和触觉肌理构成两大类（图 4.25）。视觉肌理构成指不必用手触摸便会在视觉上感觉到的肌理，能有效地丰富表面设计感，其构成方法包括绘画、印拓、擦刮、渍染、喷洒、拼贴、合成等。触觉肌理是指用触感能感觉到的肌理，一般用于设计凹陷或凸出的表面，效果接近浮雕。设计表面上的物质都可采用触觉肌理构成，方法有锤、打、钻、揉、焊、拼等。

(a)

(b)

图 4.25 肌理

4.3 造型的基本方法

造型的基本方法大致可以分为四个类型：单元类、分割类、空间法和变形类。

4.3.1 单元类

单元类是指那些构建新形的“细胞”（基本形），具有重复的性质。它可以是形的基本要素（如点、线、面和体等），也可以是组织形体的结构形式等。

1）骨格法

骨格法指形的基本单元按照“骨格”所限定的结构形式组织形成新形。骨格不同于骨骼，但又与骨骼有关。“骨格”的“骨”字有“骨架”的含义，而“格”则是“方形框子”的意思。因此骨格就是“格子形框架”的意思，是图形元素构成的基本秩序与法则。

骨格包括骨格框架、骨格点、骨格线和骨格单位（图 4.26、图 4.27）。

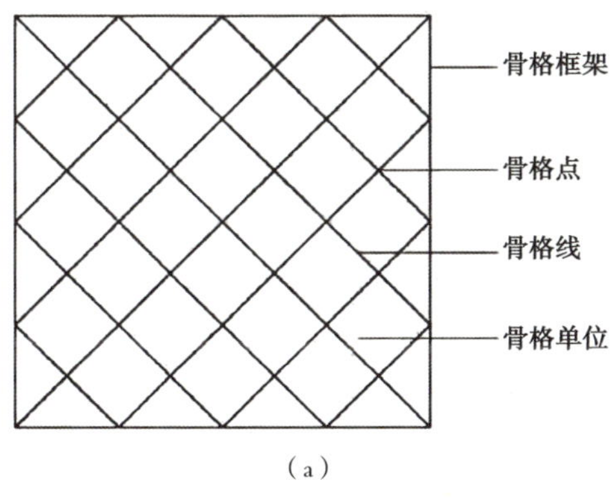

(a)

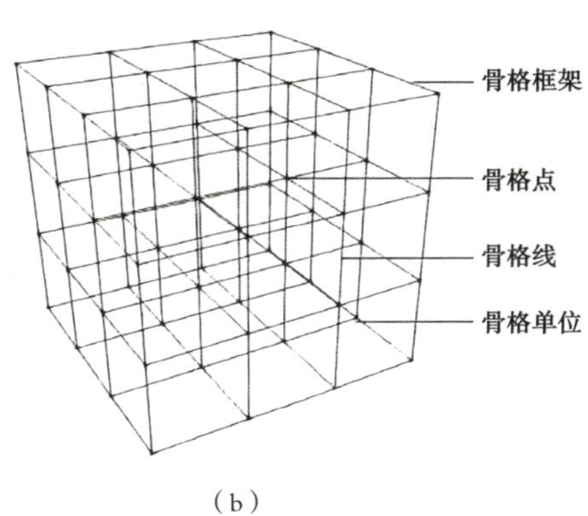

(b)

图 4.26 骨格图

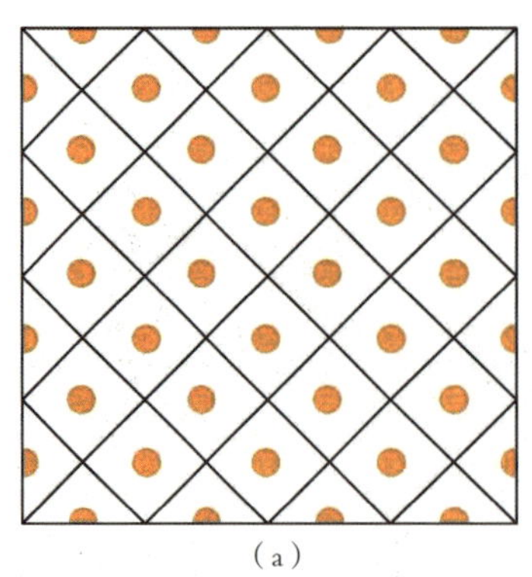
（a）

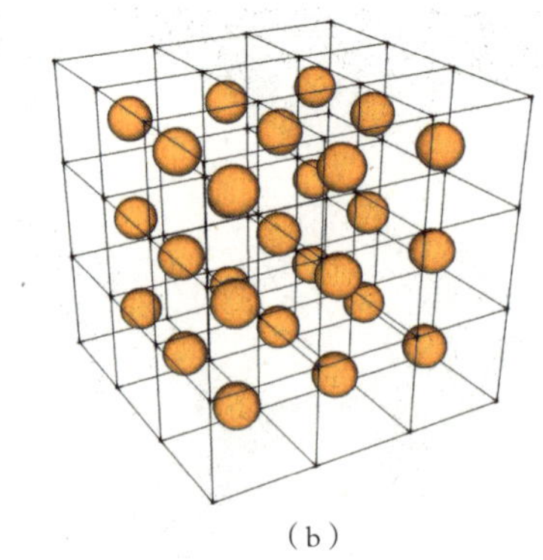
（b）

图 4.27　黑线表示骨格结构，橙色的球体表示应用在骨格中的形态

骨格的作用是在骨格里对形象做各种不同的编排，将其有秩序地排列，构成不同的形状。骨格的宽窄变化影响骨格所组成的每个单位空间的变化。骨格不但可以起到编排的作用，还可以实现在视觉上改变空间尺寸的效果。

骨格分为规则骨格和不规则骨格两种。规则骨格有精确严谨的骨格线，有规律的数字关系，基本形按照骨格排列，有强烈的秩序感。不规则骨格一般没有严谨的骨格线，构成方式比较自由，如密集、对比、特异等构成方法。根据分类的方法不同，骨格还可以分为作用性骨格、非作用性骨格和重复性骨格等。

2）聚集法

聚集法是指形的基本单元之间没有明显的、确定的结构方式，基本单元之间通过聚集形成新形。

4.3.2　分割类

图 4.28　等形分割

1）等形分割

等形分割是指对形状进行完全一样的重复性分割，有整齐划一的美感（图 4.28）。

等形分割后，由于子形相同，很容易协调形的相互关系，因此有较大的处理余地。如何处理子形是造型的关键步骤。

2）等量与数列分割

等量与数列分割是指利用比例与数列的秩序对形状进行分割，给人以秩序、完整、明朗的感受（图 4.29）。

①黄金比例分割：以一个正方形的一边为宽，先取正方形一边的二分之一点，再以此为圆心，以此点与其对角线的连线为半径，画弧线并交到正方形底边的延长线上，此交点为黄金比矩形长边的端点。

②斐波那契数列：又称为黄金分割数列，数列从第 3 项开始，每一项都等于前两项之和。例如，0，1，1，2，3，5，8，13，21，34，55，89…这种数列在造型方面很重要，它的美妙

之处就在于相邻两个数字的比近似于黄金比例。

③等差数列：又称为算术级数数列，即数列各项之差相等。例如，1，2，3，4，5，6，7，8…这种数列是每项数均递增相等的数值。

④等比数列：用一个基数所得的乘方依次排列所形成的数列。例如，2，4，8，16，32…；3，9，27，81…

等量与数列分割的运用，在现代生活中非常广泛，大多数材料和用品在尺寸上都符合规格和比例（图 4.29）。

3）自由分割

自由分割是不规则的，给人以自由活泼之感。自由分割产生的子形缺乏相似性，因此要注意子形与原形的关系，另外还要注意子形之间的主次关系。这样有助于使子形统一起来。通过消减（减缺、空孔）和（或）移位（移动、错位、滑动）可以产生新形。

4.3.3 空间法

空间法是指利用空间的作用组织形体。在平面构成中，相对于“图”而言的“底”可以被看作空间。图表现空间的方式，可为大小、透视、重叠等。如图 4.30 所示，立体构成中的空间是具体的。

图 4.29 数列分割

图 4.30 重叠产生空间关系
（图片来源：Baubauhaus）

4.3.4 变形类

变形类构成方法是将原形进行变形，使之产生要瓦解原形的倾向，变形的结果是产生新形。变形的基本形式有扭曲、挤压、拉伸和膨胀等。

①扭曲：破坏原形的力是以曲线方向进行的，如弯、卷、扭等。

②挤压、拉伸：破坏原形的力是以直线方向进行的。

③膨胀：破坏原形的力是以一点为中心向外扩散的。虽然日常生活中这种形态并不少见，但在形态构成中利用一般材料进行此项操作有一定难度。

4.4 立体构成

立体构成也称为空间构成，是一门研究在三维空间中如何将立体造型要素按照一定的原则组合成富有个性美的立体形态的学科。立体构成是用一定的材料，以视觉为基础、力学为依据，将造型要素按照一定的构成原则，组合成美好的形体的构成方法。以点、线、面、对称、肌理等研究空间立体形态，也是研究立体造型各元素的构成法则。

立体构成广泛应用于建筑设计、室内设计、景观设计、工业设计等（图 4.31）。立体构成分为半立体构成、线立体构成、面立体构成、块立体构成和综合材质立体构成。“立体”是相对于平面而言的，是三维空间中的造型方法；“构成”是“组合”的意思，即在设计中把各立体要素按照一定空间组合关系组成一个全新的空间造型。

（a）建筑设计中的立体构成

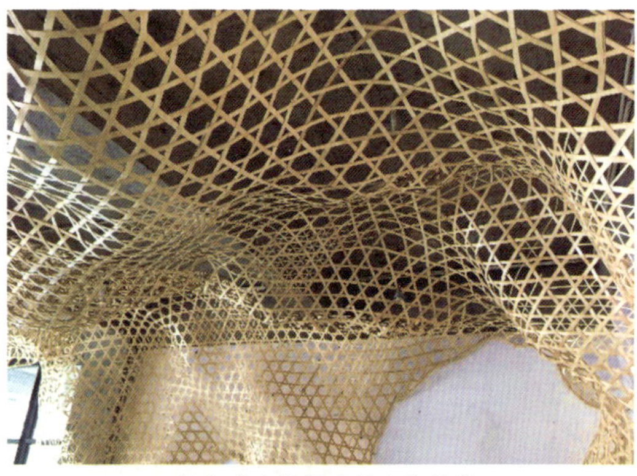

（b）室内设计中的立体构成

（c）景观设计中的立体构成

（d）工业设计中的立体构成

图 4.31　立体构成的应用

4.4.1 立体构成的特征

1）空间特征

立体构成是研究长、宽、高三维空间中的空间形态造型，而平面构成则是解决长和宽在平面维度的形态造型问题。在立体构成中，空间构成没有固定的轮廓和形态，不同视角、不同距离所呈现的空间形态是不同的，这是它与平面构成最本质的区别（图 4.32）。

2）触觉特征

立体构成是对空间中的形态进行探究的过程，不仅是物体与物体之间的空间组合关系，也是对材料媒介的综合应用（图 4.33）。不同材料的质感表达所呈现的触觉特征也是立体构成的一大特点。

图 4.32　立体构成的空间特征

图 4.33　立体构成的触觉特征

3）形态特征

形态本身是指形态所展现的空间结构和组织关系，形态特征是通过形态本身所表达的空间感受。形态特征多种多样，有抽象的、具象的、夸张的、含蓄的、动感的、内敛的……因此，形态特征也是传达空间感受最直观的特征（图 4.34）。

图 4.34　立体构成的形态特征

4.4.2　空间与构成

空间需要实体限定，通过大小、轮廓等造型形成空间。通过限定而能被感受到的实体空间也称为物理空间。物理空间能形成不同的感受特征，因此能给人带来多种空间感受，这是心理空间。物理空间与心理空间是相辅相成、不可分离的。

1）空间感的营造

（1）形成围合

围合的空间感是立体构成中最基础的。通过一种或多种围护面的组织从而形成的空间（图 4.35），能创造较强的归属感和领域感，符合人的安全感心理需求。

（2）强调进深

进深是指物体或空间的前后关系。通过立体构成设计手法，在有限的空间中创造更具纵深关系的空间，能形成强烈的空间进深关系（图 4.36）。增强进深关系的手法有增加层次、强调透视关系、通过镜面反射等。

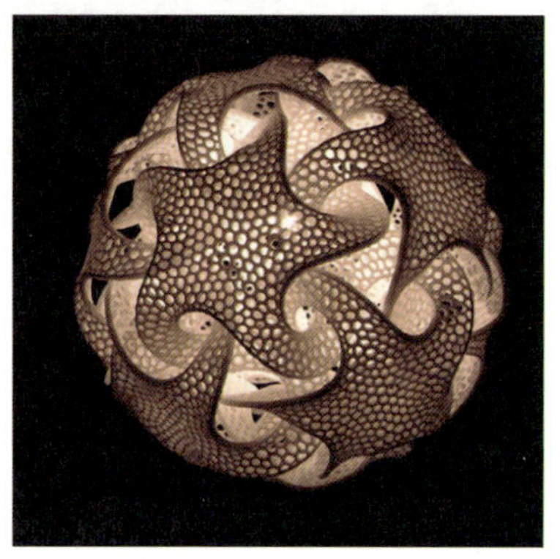

图 4.35　形成围合

图 4.36　强调进深

2）色彩关系

色彩是物体表面材质特征的表达，是通过眼球传递到大脑视觉中枢产生的一种视觉感受。色彩心理学研究表明，色彩对人的精神和头脑活动产生作用，不同的色彩给人带来不同的心理特征。例如，白色给人开阔的感受，黑色强调的是收缩感，红色、橙色等暖色给人带来温暖、热情、兴奋的感受，蓝色、绿色等冷色使人觉得安静、平和。

图 4.37　色彩关系

色彩在立体构成中通过物体的表面材质形成，可以是单色的，也可以是同类色的过渡、对比色的夸张、互补色的对比。空间中不同的色彩搭配给立体构成带来不同的空间感受。利用色彩的搭配能突出空间的结构造型，强调立体感，也可以通过色彩的张弛感塑造空间的对比关系（图 4.37）。

4.4.3　空间构成法则

1）比例与尺度

比例是整体与整体、部分与部分、整体与部分之间的相互关系。在立体构成中，比例是指构成的各部分形态，长、宽、高，色彩等方面的关系，比例的美感依赖于人的主观感受与经验上的审美。立体构成中追求的良好比例，寻求以上各要素之间的相互协调关系，以形成更符合审美的空间构成关系、形态造型关系和视觉审美关系。

黄金分割比是比例关系中重要的内容，由古希腊毕达哥拉斯学派所提出，它是把整体一分为二，较大部分与较小部分之间的比值为 1 ：0.618（图 4.38），黄金分割比能呈现出较强的艺术性、和谐感，富有美学价值，常应用于绘画、建筑、设计等艺术创作中。

尺度是空间构成中整体或部分与真实大小之间的关系，它不研究整体与部分之间的比例关系，而是通过构成与真实尺度之间的对比，形成对空间尺度感的认识。例如，物件、家具、房间、建筑、城市之间递进的尺度关系，是通俗观念下的尺度关系。在空间构成中，对不同事物进行尺度关系的重构，能形成对空间构成不同的思考（图 4.39）。

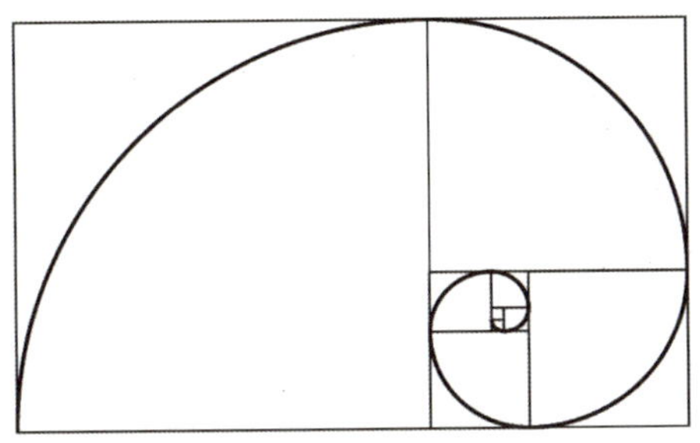

图 4.38　黄金分割比例示意

（a）

（b）

图 4.39　空间与尺度

2）主要与次要

在一个完整的立体构成中，为了突出主要的构成关系，形成视觉鲜明的形象，往往会强调物体的主次关系。处于主要地位的，主导着立体的形态；处于次要地位的，对主要形态起衬托作用，主要与次要关系相得益彰。

无论是视觉感受还是形体空间感受，主要形态在立体构成中都是占主导地位的，产生视线的向心力，形成视觉中心。次要形态常对主要形态起辅助作用，增强主要形态与次要形态之间的对比关系，突出主要形态的空间关系。次要形态虽然起辅助作用，但是主要形态与次要形态是一个完整的统一体，不能缺少次要形态（图 4.40）。

图 4.40　主要与次要

3）稳定与运动

稳定是物体物理空间上形成的稳定性，由此带来视觉感受上的稳定感能给人带来安定、平衡、自然的感受。物理的稳定是指物体的重心在重力作用下有足够的支撑性，通过稳定的功能结构、坚固的材料质地表达形成。心理的稳定是在物理稳定的基础上形成视觉稳定感，从而形成心理的稳定感。

运动是相对静止而言的，物体的运动感是由物体本身的运动张力和方向性产生。例如，不稳定的空间结构能产生空间的运动感，物体的方向性重复能形成有节奏的运动感，旋转的物体也有强烈的视觉运动效果（如转动的齿轮、漩涡等）。

运动感和张力相互联系，有张力的空间构成一定是有不同方向的运动感存在的，它处于紧张的平衡状态，运动感突破了平衡状态，空间的张力也随即消失（图 4.41）。

图 4.41　稳定与运动

4）韵律与节奏

韵律与节奏通常运用于音乐领域，通过音调与音色的变化形成富有节奏与韵律变化的美感。在立体构成中，利用反复和形态变化建立空间的秩序感，形成有节奏变化的空间感，使静态空间产生律动效果（图 4.42）。

韵律与节奏表现形式有重复、交错、渐变、起伏、融合、突变等。

图 4.42 韵律与节奏

4.5 形态的心理感受

形态的心理感受往往有：量感、力感和动感，空间感和场感，质感和肌理，错觉和幻觉，以及方向感。

1）量感

量感是人的视觉或触觉对物体的大小、多少、长短、粗细、方圆、厚薄、轻重、快慢、松紧等的感性认识。它是造型艺术构思过程中非常重要的因素，具体到作品篇幅的长短、物象数量的多少、房屋的比例、景物的远近、运动物体的速度快慢等。可以说，造型艺术中的形式感与量感因素是密切相关的， 疏密、对称、均衡或偏斜序列的设计在很大程度上源于作者和观众视觉及心理的感性经验。形的轮廓、颜色、质感等会影响人们对形的量感的判断。

2）力感和动感

力感和动感产生于生活中关于力和运动的体验，若运动物体的特征给观察者留下深刻印象，会让人在看到相同或类似形态时，产生力和运动的感觉，这就是力感和动感。

3）空间感和场感

空间感是指由地平面、垂直面以及顶平面单独或共同组合成的具有实在的或暗示性的范围围合。空间感必须以形体作为媒介才能产生，完全的虚空并非构成意义上的空间。形的影响范围让人们在心理上产生一种空间感，即场感。

4）质感和肌理

质感是视觉或触觉对不同物体的特质的感觉。不同物体表面的自然特质称为天然质感，如水、岩石、木头（图 4.43）；而经过人工处理的表现感觉则称为人工质感，如砖、陶瓷、玻璃、布、塑胶的质感。不同的质感给人以软硬、虚实、滑涩、韧脆、透明与混浊等多种感觉。中国画以笔墨技巧（如人物画的十八描法、山水画的各种皴法等）作为表现物体质感的有效手段。油画则以或薄或厚的笔触以及画刀刮磨等具体技巧表现色泽、肌理、质地等质感因素，追求逼真的效果。

肌理是指物体表面的组织纹理结构，即各种纵横交错、高低不平、粗糙或平滑的纹理（图 4.44）。一般来说，肌理与质感含义相近。对于设计的形式因素而言，当肌理与质感相联系时，它一方面作为材料的表现形式而被人们感受，另一方面则体现在通过先进的工艺创造新的肌理形态。不同的材料、不同的工艺可以产生不同的肌理效果，并能创造出丰富的外在造型。

图 4.43　木质感

图 4.44　肌理

5）错觉和幻觉

错觉是指对客观事物的不正确感知，是一种被歪曲了的知觉。错觉可以发生在视觉方面，也可以发生在其他知觉方面。与错觉容易混淆的是幻觉。幻觉是在没有现实刺激作用于感觉器官的情况下所出现的知觉体验，是完全虚无的知觉，是没有任何客观刺激物的情况下产生的知觉。

6）方向感

有运动感、力感的形体能体现出方向感。方向感的产生与形体的轮廓有直接关系，总是向着形态中较小的一方运动。

在建筑设计中，可以利用方向感来强化或者减弱形体的轴线方向、序列等要素。当需要停顿时，可采用无方向或方向性较弱的圆形、方形等；反之，可以采用方向性较强的长方形。

4.6　形式美法则

形式美法则是人类在创造美的过程中对美的形式规律的经验总结和抽象概括。它主要包括对称均衡、单纯齐一、调和对比、比例、节奏、韵律和多样统一。研究、探索形式美的法则，能够培养人们对形式美的敏感，以更好地去创造美的事物。掌握形式美的法则，能够使人们更自觉地运用形式美的法则表现美的内容，实现美的形式与美的内容的高度统一。

1）对称

对称就是物体相同部分有规律的重复。自然界中到处可见对称的形式，如鸟类的羽翼、树木的叶子等。对称的形态在视觉上有自然、安定、均匀、协调、整齐、典雅、庄重的感觉（图4.45）。平面构成中的对称可分为轴对称、点对称和旋转对称。在平面构成中运用对称法则要避免由于绝对对称而产生单调、呆板的感觉。有的时候，在整体对称的构图中加入一些不对称的因素，反而能增加构图版面的生动性和美感，避免单调和呆板。

2）平衡

在平面构图中，通常以视觉中心（视觉冲击最强的地方的中点）为支点，各构成要素以此支点保持视觉意义上的力度平衡，一般是根据形象的大小、轻重、色彩及其他视觉要素的分布作用于视觉判断的平衡。在实际生活中，平衡是动态的特征， 如人体运动、鸟的飞翔、野兽的奔跑，以及风吹草动、流水激浪等都是平衡的形式（图4.46）。

图4.45 对称
（图片来源：视觉中国）

图4.46 平衡
（图片来源：视觉中国）

3）比例

比例是指部分与部分或部分与整体之间的数量关系。人们在长期的生产实践和生活活动中一直运用比例，比如早在古希腊就已被发现的黄金分割比1 ：0.618 正是人眼的高宽视域之比。恰当的比例有一种协调的美感， 成为形式美法则的重要内容（图4.47）。

图4.47 比例
（图片来源：视觉中国）

4）对比

对比关系主要通过视觉形象色调的明暗、冷暖，色彩的饱和与不饱和，色相的迥异，形状的大小、粗细、长短、曲直、高矮、凹凸、宽窄、厚薄，方向的垂直、水平、倾斜，数量的多少，排列的疏密，位置的上下、左右、高低、远近，形态的虚实、黑白、轻重、动静、隐现、软硬、干湿等多方面的对立因素来实现。它体现了哲学上矛盾统一的世界观。对比法则广泛应用于现代设计，将可比成分的对立特征明显、强烈地表现出来，突出主体，丰富整体画面。常用的方法有明暗对比、虚实对比、冷暖对比等，具有很好的实用效果（图 4.48）。

5）节奏

节奏是事物运动的属性之一，是一种有规律的、周期性变化的运动形式；节奏也可以指音乐中音响节拍轻重缓急的变化和重复。而在构成设计中，节奏指同一视觉要素重复出现时所产生的运动感，可以通过线条的流动、色彩的深浅间断、形体的高低、光影的明暗等因素作有规律的反复和重叠，引起欣赏者的生理感受，进而引起心理感情的活动（图 4.49）。

图 4.48　对比
（图片来源：视觉中国）

图 4.49　节奏
（图片来源：视觉中国）

6）多样统一

宇宙万物的形态千变万化，但它们都按照一定的规律而存在，大到日月运行，小到原子结构的组成和运动，都有各自的规律。爱因斯坦说："宇宙本身就是和谐的。"单独的一种颜色、单独的一根线条无所谓和谐，几种要素具有基本的共通性和融合性才称为和谐，例如一组协调的色块、一些排列有序的近似图形等。和谐的组合也保持部分的差异性，但当差异性表现强烈时，和谐的格局就向对比的格局转化。

DIWUZHANG JIANZHU FANG' AN CHUBU

第五章　建筑方案初步

5.1 建筑方案设计概述

5.1.1 认识建筑设计

建筑设计是指设计者在建造建筑物之前，按照建设任务，针对施工过程和使用过程中存在的或可能发生的问题，事先做好全盘的设想，拟定好解决这些问题的办法、方案，用图纸和文件的形式表达出来（图 5.1）。

建筑设计通常可以分为四个阶段：设计前的构思阶段（图 5.2）、方案设计阶段（图 5.3）、初步设计阶段及施工图设计阶段（图 5.4）。

图 5.1　巴鲁特服装品牌设计总部
（图片来源：Metavie Studio）

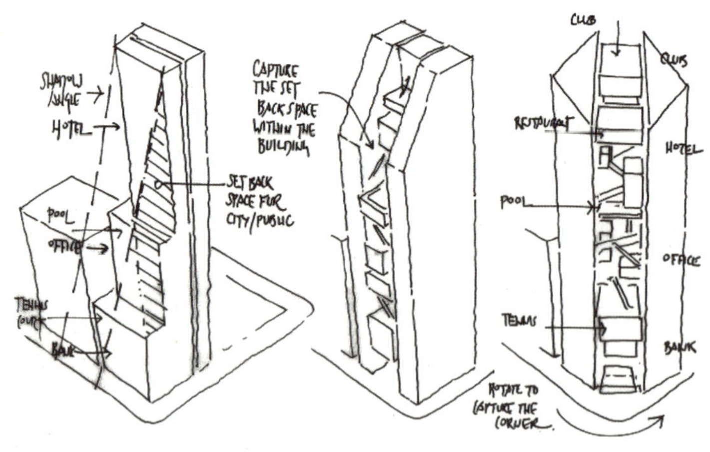

图 5.2　设计草图：台中商银总部
（图片来源：纪达夫）

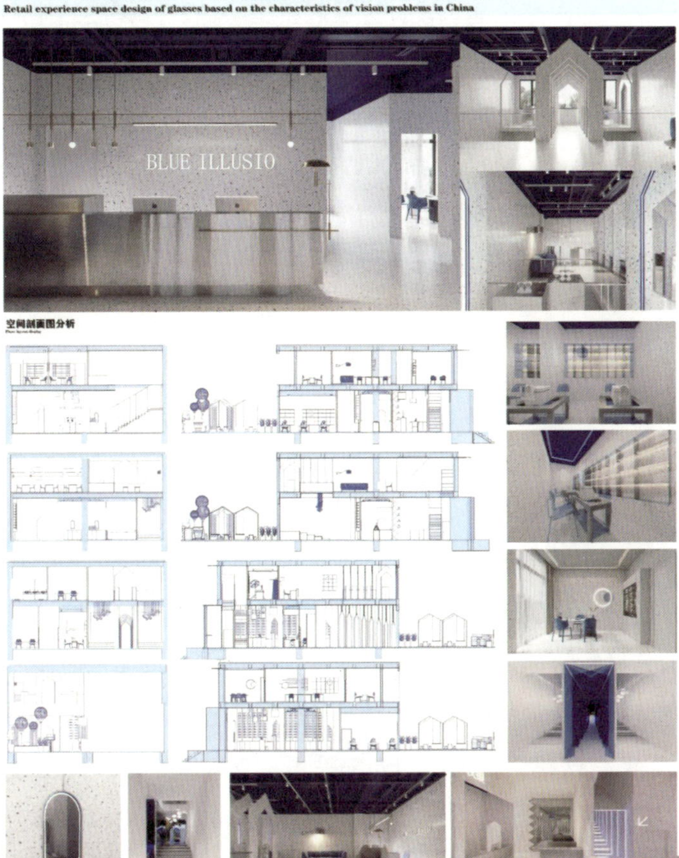

图 5.3 某集合住宅方案设计
（图片来源：许嘉欣）

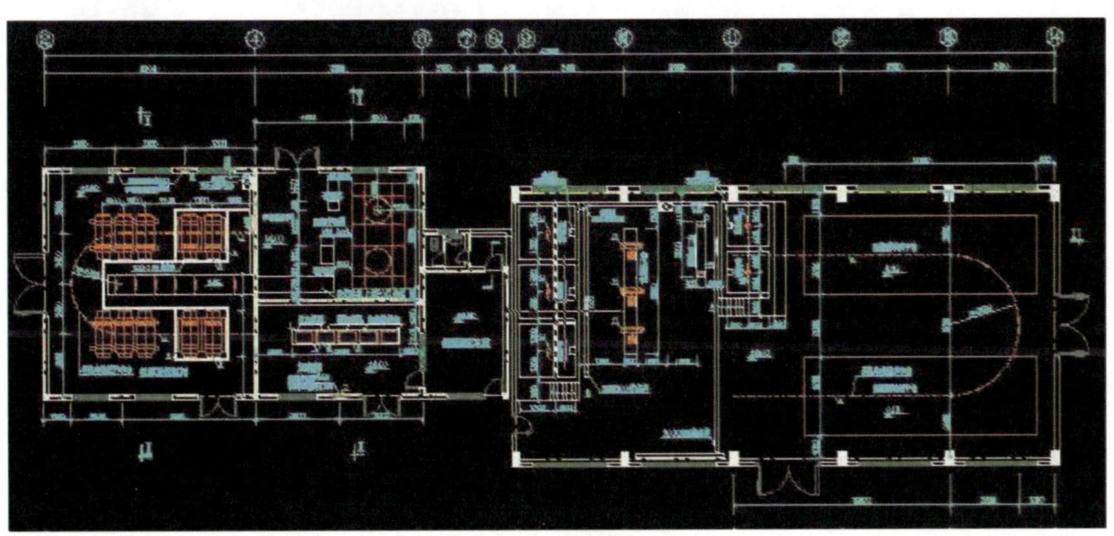

图 5.4 建筑施工图

建筑方案设计是建筑设计的第一阶段，也是最关键的阶段。方案设计确立了整个建筑的设计思想，并将其形象化。它对整个建筑设计过程起着指导性和开创性的作用。初步设计和施工图设计则在建筑方案的基础上，考虑经济、技术、材料的要求，将设计意图逐步转化成真正的建筑。

建筑方案设计需要从建筑的特征与基本研究方法切入，全面而生动地阐述建筑方案设计的要点、建筑方案设计的形成、建筑方案设计的造型方法、建筑方案设计的确定、建筑方案设计的深化，以及建筑的意象性构思等内容。

5.1.2　建筑方案设计的特点

1）创造性

建筑方案设计是一个创造性的思维过程，它依靠的是设计者的丰富想象力和灵活开放的思维方式（图 5.5）。

建筑方案设计绝不只是造型设计，建筑师要考虑多种多样的建筑功能和千差万别的地形环境，必须表现出充分的灵活性、开放性，才能够解决具体的矛盾与问题。人们对建筑形象和建筑环境有着高品质和多样性的要求，只有依赖建筑师的创新意识和创造能力，才能够把纯物质层次的材料设备转化成具有一定象征意义和情趣格调的真正意义上的建筑。以马来西亚 IBM 办公楼设计（图 5.6）为例，该建筑在内部和外部采用了双气候处理手法使其成为适应热带气候环境的低能耗建筑。其建筑立面设计插入凹进的平台空间和向室内开敞的空中庭院，出挑的遮阳板和斜坡道通向各楼层，实现了摩天大楼竖向空间的自然过渡。

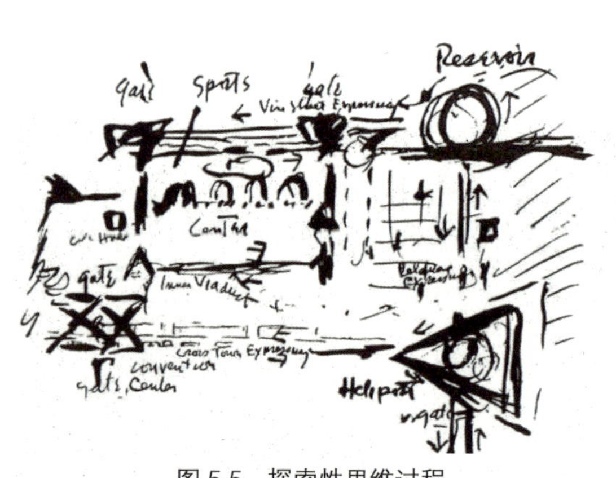

图 5.5　探索性思维过程
（图片来源：路易斯・康）

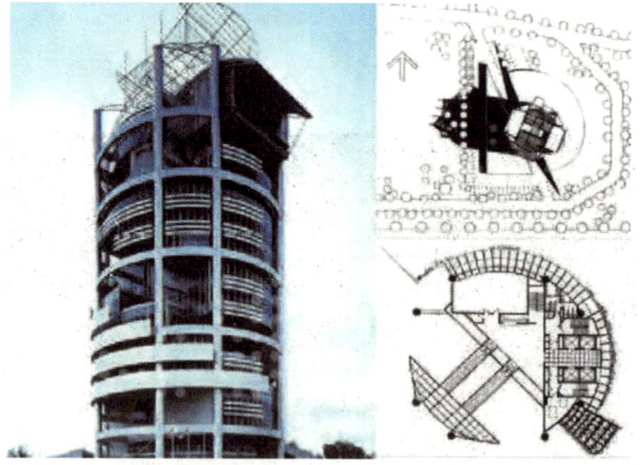
图 5.6　马来西亚 IBM 办公楼

2）综合性

建筑设计是一门包含多专业内容的综合性学科。建造一栋建筑所需要的工程技术知识涉及建筑学、结构学、给排水、供暖、通风、电气、空气调节、消防、工程经济学，以及建筑节能技术等领域（图 5.7）。

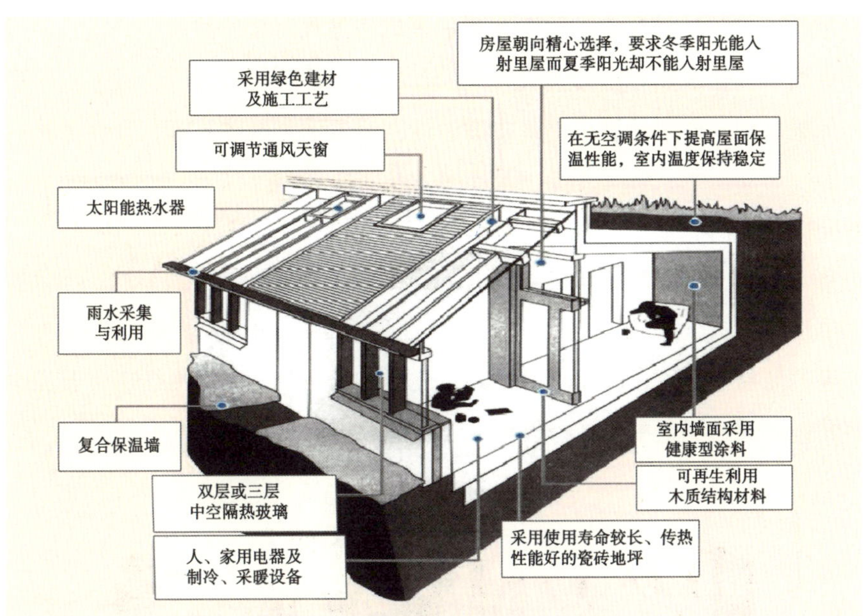

图 5.7 建筑节能技术应用

根据空间使用对象划分，建筑也分为多种类型，比如办公、商业、居住、学校、医疗、体育、表演、展览、纪念以及交通建筑。如此多的建筑类型对应多种多样的功能需求，更加体现了建筑方案设计的综合性。通过有限的课程设计训练难以完全认识、理解并掌握建筑方案设计，因此，掌握一套行之有效的学习方法和工作方法尤为重要。

3）双重性

建筑方案设计是一种具有逻辑性和形象性的双重性思维活动。建筑方案设计可以概括为“分析研究—构思设计—分析选择—再构思设计……”建筑师在每一个“分析”阶段（包括前期的条件、环境、经济分析研究和各阶段的优化分析选择）所运用的主要是分析概括、总结归纳、决策选择等基本的逻辑思维方式，以此确立设计与选择的基础依据；而在各“构思设计”阶段，建筑师主要运用的是形象思维，通过丰富的想象力和创造力表现三维乃至四维空间形态的建筑语言（图 5.8）。

图 5.8 模型与草图、建筑剖面与摄影图像的结合
（图片来源：褚冬竹《开始设计》）

因此，建筑方案设计的学习训练必须兼顾逻辑思维和形象思维两个方面，不可偏废。在建筑方案设计中如果弱化逻辑思维，建筑将缺少存在的合理性与可行性，成为名不副实的空中楼阁；相反，如果忽视了形象思维，建筑方案设计则丧失了创造的灵魂，最终得到的只是一具空洞乏味的躯壳。

4）表现性

建筑方案设计是一种形象思维的过程，如何体现设计思路是很重要的。不仅要构思形象，还要把具体的形象记录下来，这样才能真正地抓住设计思路。此外，建筑师绞尽脑汁设计的方案，要想得到大家的欣赏、认同，除了精心设计，还要善于表现。设计图纸不但要完全符合规范，让内行人接受，还要通过效果图、模型等，让外行人也能接受（图 5.9）。

图 5.9　表达型草图
（图片来源：褚冬竹《开始设计》）

5）社会性

建筑方案设计可以体现建筑师的个人价值取向和审美爱好，并由此成为建筑个性的重要组成部分。建筑不是私人收藏品，不管是私人住宅还是公共建筑，都是城市空间环境的一部分，具有广泛的社会性。某住宅方案设计总平面图（局部）如图 5.10 所示。

建筑的社会性要求建筑师的创作活动必须综合考虑建筑的社会效益、经济效益和个性特色三者的关系，努力寻找一个可行的结合点，创作尊重环境、体现人性的优秀作品。

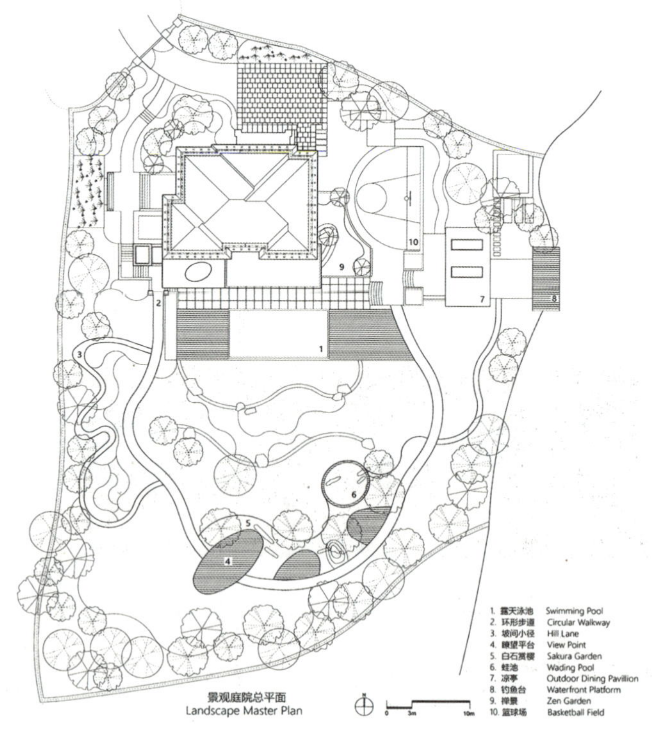

图 5.10　某住宅方案设计总平面图（局部）
（图片来源：介景建筑事务所）

5.2 建筑方案设计的内容和程序

5.2.1 建筑的分类

在日常生活学习和工作中，人们会接触到大量不同类型的建筑。例如，清晨起床时的家是住宅建筑，工作的写字楼、上课的教室是办公建筑和文教建筑；旅游时乘坐地铁、飞机及火车的机场或是车站是交通运输类建筑，到达目的地后的景区则又属于商业或文化建筑。可以说建筑构成了人们生活的方方面面，人们的衣食住行都离不开建筑。要想做好建筑设计，首先要了解建筑的分类。建筑一般可以按照以下情况进行分类：

（1）按照使用性质分类

①居住建筑（住宅、宿舍等）；

②公共建筑（办公建筑、商业建筑、文教建筑等）；

③工业建筑（厂房、仓库等）。

（2）按照高度分类

①低层、多层建筑；

②高层建筑；

③超高层建筑。

（3）按照建筑风格分类

①古罗马风格建筑；

②巴洛克风格建筑；

③现代主义建筑等。

其中，居住建筑及公共建筑是学习建筑设计的核心部分，因为人们日常所接触到的绝大部分建筑都是这两类建筑，而其中又以公共建筑最为重要。一般来说，公共建筑可以细分以下几种类型：

①办公建筑：如写字楼、科研楼、政府部分办公室等；

②商业建筑：如商场、超市、购物中心、金融建筑等；

③文教建筑：如学校、图书馆、文化馆、少年宫等；

④医疗建筑：如医院、养老院、诊所等；

⑤通信建筑：如邮电、通信、广播用房；

⑥交通建筑：如机场、车站、码头等；

⑦体育建筑：如体育馆等；

⑧演出建筑：如剧院、电影院、音乐厅、歌剧院等；

⑨纪念建筑：如纪念馆、纪念堂、纪念碑等；

⑩展览建筑：如博物馆等。

由上述分类可知，除了住宅建筑之外，公共建筑也是人们日常生活必不可少的。因此，在学习建筑设计时要对公共建筑进行细分讨论，因为不同的公共建筑的功能和使用人群不同，所对应的设计方法及设计思路也不同。例如，医疗类建筑和交通类建筑对流线的要求往往高于其他类型的建筑，特别是医院类建筑；而住宅类建筑对室内布局与合理性、易用性，以及房屋的朝向和采光往往比其他类型建筑更为严苛；教育类建筑，特别是大学对校园的总体规划要求往往比其他类型建筑更高。只有将所有建筑进行分类并分别研究其特点，才能在面对不同类型的建筑时，能够准确地设计该类型的建筑。

5.2.2 建筑方案总体设计流程

由 5.2.1 节可知，建筑设计是一项既有创造性，又需要遵从特定的规范；既需要满足设计师的个人审美，又需要满足一定的社会性、经济性，以及普罗大众审美需求的烦琐而复杂的工作。了解了建筑的类型，并且掌握了建筑方案设计的一般流程，并对每个流程的大体内容及思路有一定的认知，就可以跟着既定流程做好建筑方案设计。

一般来说，建筑方案设计的流程主要有：

（1）方案设计的前期工作

①设计要求分析（任务书分析）；

②现场环境调研（地段环境调研、人文环境调研，以及城市规划条例调研，总体规范、地方规范等）；

③了解相关经济技术要求或参数；

④收集相关建筑设计案例。

（2）方案的立意和构思

①设计立意（建筑设计主题思想）；

②方案构思（将立意转变为建筑形态）。

（3）方案的比较和深入

①多方案的设计与思考（制作多个方案以满足备选）；

②方案深入（造型、平立剖面的设计与深入推敲）。

图 5.11 所示为建筑方案设计阶段的主要流程，此流程未包含初步设计阶段及施工图设计阶段。建筑方案设计阶段是建筑设计最基础也是最重要的阶段，对之后整体的设计工作有引导作用。对初学者而言，在进行方案设计时多搜集相关案例，多查找和阅读相关规范，可以在后期开展设计时更加得心应手。建筑方案设计流程各步骤的具体内容如下。

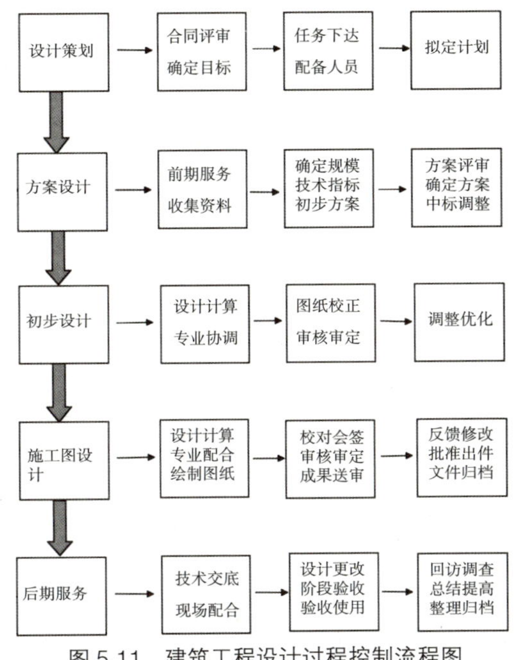

图 5.11 建筑工程设计过程控制流程图

1）方案设计的前期工作

前期调研工作是建筑方案设计的第一阶段工作，其目的是对设计要求、环境条件、经济因素和相关规范资料等重要内容进行系统、全面的分析研究，为方案设计确立科学的依据。

（1）设计要求的分析

一般设计要求是由建设单位或业主提供的设计任务书明确的，体现了建筑未来的使用计划和意图。一个完整的设计任务书应该含有如下四类信息：

①项目名称与类型：住宅、商业、办公、文教、娱乐等建筑类型及规模与标准， 使用内容及其面积分配等；

②用地概括描述及城市规划要求等；

③投资规模、建设标准及设计进度等；

④建设单位（业主）的其他要求。

（2）环境条件的调查研究

环境条件是建筑设计的客观依据，在方案设计前要先对环境条件进行充分的调查研究，更好地认识地段环境的状况及其对建筑设计的制约影响。区分哪些环境因素是可以充分利用的，哪些条件因素是可以通过改造后得以利用的，而哪些因素又是必须避免的。需要注意的是，在人文环境的调查研究中，对项目场地周边已有建筑的形制、功能的情况调研是非常重要的步骤，这将会影响后续的建筑外形设计以及部分功能设计。例如，项目场地周边均为仿古或欧式建筑，则在进行建筑设计时要考虑使用相同或类似的特点，以保证设计语言与周边建筑相似，不会显得过于突兀。对于改 / 扩建项目要特别注意此点，在满足功能要求的前提下最大限度地融入周围建筑。总之，环境条件的调查研究是建筑设计方案阶段非常重要的一个环节，做好、做细环境条件的调查研究对后续设计工作有着事半功倍的效果。具体调查研究包括地段环境、人文环境和城市规划设计条件三个方面。

①地段环境。通常所说的地段环境包括：

a. 地质条件：地质构造是否适合工程建设，有无抗震要求；

b. 地形地貌：是平地、丘陵、山林还是水畔，有无树木、山川、湖泊等；

c. 景观朝向：自然景观资源和地段日照、朝向的状况；

d. 周边建筑：地段周边相关建筑状况，包括现有及未来规划的；

e. 道路交通：现有及未来规划的道路与交通状况，图 5.12 所示为某项目交通分析状况；

f. 市政设施：水、暖、电、气、污（水）管网的分布及供应情况；

g. 污染状况：相关的空气污染、噪声污染和不良景观的方位及状况。

基于上述分析，我们可以得出对该地段比较客观、全面的环境质量评价。

图 5.12　某项目交通分析状况
（图片来源：艾奕康建筑设计公司）

②人文环境。人文环境包括：

a. 城市性质规模：是政治、文化、金融、商业、旅游、交通、工业城市还是科技城市，是特大型、大型、中型城市还是小型城市；

b. 地方特色：文化风俗、历史名胜、地方建筑（图 5.13）。

图 5.13 传统中式建筑与欧式建筑体现的不同地域风貌
（图片来源：段和敏，立青）

人文环境为创造富有个性特色的空间造型提供了许多启发和参考。

③城市规划设计条件（总规、控规）：城市规划设计条例是在设计初期参照的最基础的概括性条例，它对建筑大尺寸范围的设计提出了明确的要求，如建筑整体红线退距，建筑整体高度要求等。需要注意的是，不同地区、不同城市，甚至同一城市不同地段或某些特殊地段都有着不同的相应规范要求，在开始设计前应充分查阅相关规范并按照规范进行设计工作。

《中华人民共和国城市规划法》规定，建设用地单位根据城市总体发展规划，核定建筑用地位置和规划条件。其目的是从城市宏观角度对具体建筑项目提出若干控制性限定与要求，以保证城市总体环境的良性发展和运行，主要有以下内容：

a. 后退红线限定：一般情况下，道路红线就是建筑红线。但是有些城市在主要干道红线的外侧，另行划定建筑红线，使道路上部空间向两侧伸展，显得道路更加开阔。某些公共建筑和住宅适当退后布置，留出的地方有利于人流或车流的集散，也可以进行绿化，美化环境。在建筑红线的控制下，前后错开布置沿街建筑，既可满足不同的功能要求，又可避免城市景观的单调感，使城市建筑群的体形和街景富于变化。

b. 建筑高度限定：建筑有效层檐口高度就是该建筑的最大高度。

c. 容积率限定：指地面以上总建筑面积与总用地面积之比，它是该用地的最大建设密度。

d. 绿地率要求：指用地内有效绿地面积与总用地面积之比，它是该用地的最小绿地指标。

e. 停车量要求：指用地内停车位总量（包括地上和地下），它是该项目的最小停车量指标。

城市规划设计条件是建筑方案设计必须严格遵守的重要前提条件之一。

（3）经济技术因素

经济技术因素是指建设者能提供的用于建筑的实际经济条件与可行的技术水平。它是确定建筑的档次质量、结构形式、材料应用以及设备选择的决定性因素，是除功能环境之外影响建筑方案设计的第三大因素。在方案设计入门阶段，由于涉及的建筑规模较小，难度较低，并考虑初学者的实际情况，在此不展开讨论经济技术因素。

（4）相关资料的收集

学习并借鉴前人的经验，了解并掌握相关的规范制度，既是避免走弯路、走回头路的有效方法，也是认识和熟悉各类建筑的捷径。因此，必须学会收集和使用相关资料，包括类似案例、规范（图 5.14）和优秀案例。

图 5.14　建筑设计相关规范

2）方案设计的立意、构思与比较、深入

完成上述步骤之后，我们对设计对象已经有了比较系统、全面的认识和了解，并得出了一些原则性的结论，在此基础上我们可以开始建筑方案的设计了。

（1）设计立意

建筑方案设计的立意是贯穿整个建筑的灵魂，就好比文章的主题思想，其重要性不言而喻。

一般来说，设计立意包含了基本和高级两个层次。前者是指设计师根据设计要求，以满足最基本的建筑功能、环境条件为目的；而后者是指在此基础上对设计对象的深层意义进行挖掘和理解，旨在让设计达到一个更高的水平。对于初学者而言，不应强求设计立意定位于高级层次。

许多经典建筑名作在设计立意上给了我们很好的启示。

①流水别墅（弗兰克·赖特）。该建筑是美国著名建筑师赖特于 1936 年为富豪考夫曼设计的别墅。他所追求的不是一般视觉上的美观和居住的舒适性，而是将建筑与自然融为一体。在具体构思上，从位置选择、布局经营到空间处理、造型设计，无不是围绕着这一立意展开。

②中国木雕博物馆（马岩松）。该建筑由中国著名建筑师马岩松于 2013 年 2 月主持设计完成。该项目位于哈尔滨，建筑主体设计受中国北方特有的自然风貌的启发，总面积为 13 000 m^2。整体外形设计混沌而抽象，模糊了固态与液态之间的界限，给人一种“似是而非”的感觉。

如图 5.15 所示，该建筑的外立面由银色不锈钢板覆盖，能反映周边的环境和变幻的光线。整体建筑采用大量实体墙体，能有效地降低建筑的热损耗。顶部的 3 个天窗能充分吸收日照，给室内的 3 个中庭空间带来充足的自然光线。

（a）

（b）

图 5.15 中国木雕博物馆
（图片来源：MAD 建筑设计事务所）

③中国美术学院象山校区（王澍）。该建筑位于杭州，由著名设计师王澍设计。项目总体规划上十分注重校园整体环境的意境营造和生态环境保护，创造一个功能分区合理，融建筑、空间、园林绿化、自然环境于一体的校园分布，总体布置从地势和环境特点出发，遵循简洁、高效的原则，分区明确，充分考虑未来发展的可变性、整体性。建筑的外形多以方盒子的形式出现，以“回”字型为基点建立合院，在建筑材料的选用上，南方民居中常见的砖、瓦、竹、木都成为了建筑的主要外立面材料。同时，整个象山校区的建筑片片鳞瓦，重重密檐，错落有致。充满了江南的灵性（图 5.16）。

图 5.16 中国美术学院象山校区
（图片来源：视觉中国）

（2）方案构思

方案构思是方案设计过程中至关重要的一个环节。设计立意侧重于观念层次的理性思维，呈现为抽象语言；而方案构思则是借助于形象思维的力量，在立意的指导下，把第一阶段分析研究的成果变成具体的建筑形态，完成了从抽象的理念到物质形象的转变。

形象思维的特点也决定了具体方案构思的切入点必然是多种多样的，可以从功能入手，从环境入手，也可以从结构及经济技术入手，由点及面，逐步发展成一个方案的雏形。

①从环境特点入手进行方案设计。充满个性特点的地形地貌、景观朝向以及道路交通等环境因素都可以作为方案设计的切入点和启发点。

以流水别墅（图 5.17）为例，它在认识并利用环境方面堪称典范。该建筑选址于风景优美的溪边，四季溪水潺潺，树木浓密，两岸层层叠叠的巨大岩石构成其独特的地形、地貌特点。设计者赖特在处理建筑与景观的关系时，不仅考虑到了对景观利用的一面，使建筑的主要朝向与景观方向一致，成为一个理想的观景点，而且有着为环境增色的更高追求，将建筑置于溪流瀑布之上，平添了一道新的风景。他利用地形高差，把建筑主入口设于一、二层之间的高度上，这样不仅便于车辆直达，也加强了与室内上下层的联系。最为突出的是，流水别墅富有构成韵味的独特造型与溪流两岸层叠有序、棱角分明的岩石形象有着显而易见的因果联系，真正体现了有机建筑的思想精髓。流水别墅与地形环境的关系如图 5.18 所示。

图 5.17　流水别墅
（图片来源：弗兰克·赖特基金会）

图 5.18　流水别墅与地形环境的关系
（图片来源：美国国会图书馆）

图 5.19 美国华盛顿国家美术馆东馆实景图

又如美国华盛顿国家美术馆东馆（图 5.19），在该方案构思中，地段环境尤其是基地形状起到了非常重要的作用。东馆建在一块面积为 36 400 m^2 的楔状梯形地段上，该地段位于城市中心广场东西轴北侧，其楔底面对新古典主义式的国家美术馆老馆。此地段东靠国会大厦，南临林荫广场，北靠宾夕法尼亚大道，附近多是古典风格的重要公共建筑。

严谨对称的大环境与非规则地段形状构成了尖锐的矛盾冲突。设计者贝聿铭紧紧把握住地段形状这一突出特点，选择了两个三角形拼合的布局形式，将新建筑与周边环境关系处理得天衣无缝。一条对角线将梯形分成两个三角形，这种划分使两大部分在形体上有明显的区别，但又不失为一个整体。此方案对环境的利用体现在两个方面：第一，建筑平面形状与用地轮廓呈平行对应的关系，形成建筑与地段环境最直接的呼应关系；第二，将等腰三角形与旧馆置于同一轴线之上，并在其间设一过渡性雕塑广场，从而实现了新老建筑之间的真正对话。美国华盛顿国家美术馆东馆总平面图、平面图如图 5.20、图 5.21 所示。

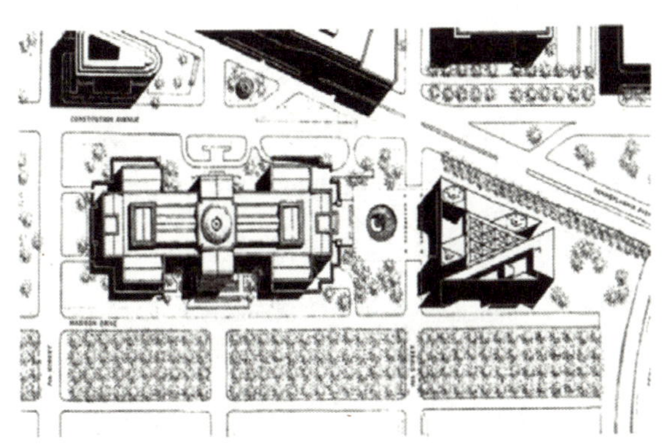
图 5.20 美国华盛顿国家美术馆东馆总平面图

图 5.21 美国华盛顿国家美术馆东馆平面图

类似的还有中国安徽的绩溪博物馆（图 5.22），该博物馆由李兴钢主持设计。博物馆位于安徽省东南部的绩溪县，由原址为县衙和县政府大院的建筑改建而来。由于原址的特殊性和地段的特殊性，因此无法进行扩建，设计师因地制宜，在不改变原址的基础上改变其原有的功能，成为融合了展示空间、4D 影院、观众服务、商铺、行政管理、库藏等多功能的博物馆建筑。整体建筑具有当地的特色建筑——徽派建筑的风格，保留了粉墙黛瓦，行走其中犹如走进了一座徽州古镇。

（a）

（b）

图 5.22　安徽绩溪博物馆
（图片来源：安徽绩溪博物馆）

整体建筑设计基于对绩溪的地形环境、名称由来的考察和对徽派建筑和聚落的调查研究。整个建筑覆盖在一个连续的屋面之下，起伏的屋面轮廓和肌理仿佛绩溪周边山形水系，是“北有乳溪，与徽溪相去一里，并流离而复合，有如绩焉”的“绩溪之形”的充分演绎和展现。

为尽可能保留用地内的现状树木，建筑的整体布局中设置了多个庭院、天井和街巷，既营造出舒适宜人的室内外空间环境，也对徽派建筑空间布局进行了重释。建筑群落内沿着街巷设置有东、西两条水圳，汇聚于主入口大庭院内的水面。建筑南侧设内向型的前广场——“明堂”，符合徽派民居的典型布局特征，同时也符合中国传统的“聚拢风水之气”的理念；主入口正对方位设置一组被抽象化的假山。围绕“明堂”、大门、水面，设置有对市民开放的、立体的观赏流线，将游客引至建筑东南角的观景台，俯瞰建筑的屋面、庭院和秀美的远山。

②从功能特点入手进行方案构思。建筑师们一直希望更合理、更富有新意地满足功能需求，在具体实践中这经常是进行方案构思的主要突破口之一。

由密斯·凡·德·罗设计的巴塞罗那国际博览会德国馆（图 5.23）建成于 1929 年，博览会结束后该馆也随即拆除，其存在时间虽不足半年，但其产生的重大影响一直持续着。它之所以成为现代建筑史上的一个杰作，其功能上的突破与创新是主要原因之一。空间序列是展示性建筑的主要组织形式，即把各个展示空间按照一定的顺序连接起来，以确保观众能流畅地参观。一般的参观路线是固定的，也是唯一的。这在很大程度上制约了参观者自由选择浏览路线的可能。在德国馆的设计中，基于能让人们进行自由选择这一思想，密斯·凡·德·罗创造出具有自由序列特点的“流动空间”，给人以耳目一新的感受。

（a）实景图

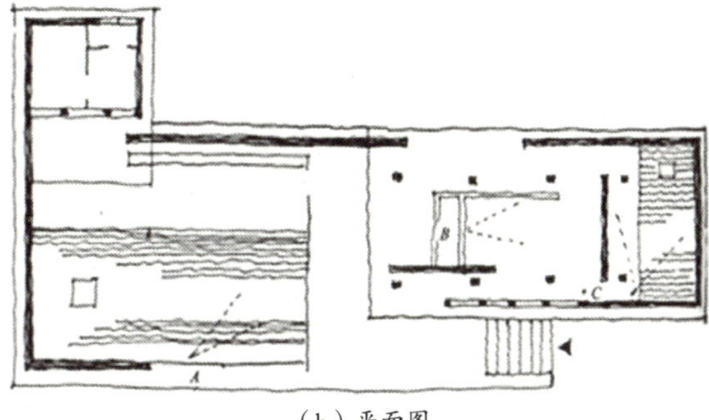

（b）平面图

图 5.23　巴塞罗那国际博览会德国馆

同样是展示建筑，由赖特设计的美国纽约古根海姆博物馆却有着与巴塞罗那国际博览会德国馆完全不同的构思重点。因为用地面积有限，建筑只能修建为多层，参观路线势必会因为分层而不连续。对此，设计者创造性地把展示空间设计成一个环绕圆形中庭缓慢旋转上升的连续空间，保证了参观的流畅性，而螺旋上升的通道也使得建筑的外立面变得别具一格（图 5.24）。

（a）实景图

（b）透视图

图 5.24　美国纽约古根海姆博物馆

除了从环境、功能入手进行构思外，具体的任务需求特点、结构形式、经济因素乃至地方特色均可以成为设计构思的切入点与突破口。另外需要特别强调的是，在具体的方案设计中，从多个方面进行构思，寻求突破，或者是在不同的设计构思阶段选择不同的侧重点都是最常用、最普遍的构思手段。这样既能保证构思的深入和独到，又可避免构思流于片面或走向极端。

3）方案的比较与深入

（1）多方案的比较

①多方案的必要性：在实际方案设计中，大多数建筑师会对一个建筑做多个设计方案，把可能形成方案的思路比较一下，然后确定其中一个，或是综合形成一个最理想的方案。但实际上，一个绝对意义上的最佳方案是不可能存在的。因为在现实的时间、经济以及技术条件下，所有方案的可能性难以穷尽，人们所能够获得的只能是相对意义上的最佳方案。因此，唯有进

行多方案构思才是实现这一目标的可行方法。

多个方案势必会出现分析、比较、选择的过程，使用者和管理者可以真正参与到建筑方案设计中来，体现建筑以人为本的意义。这种参与还应该落实到对设计的发展方向和具体处理方式提出质疑和发表见解上，使方案设计这一行为活动真正承担其应有的社会责任。

②多方案构思的原则：提出尽可能多的、差别尽可能大的方案。差异性保障了方案之间的可比较性，而相当大的数量则保障了科学选择所需要的足够空间范围。为达到这一目的，必须从多角度、多方位审视题目，有意识地变换侧重点，以实现方案的多样化。

任何方案都必须是在满足功能与环境要求的基础上进行的，这样的方案才有意义。在设计方案时应避免那些不现实、不可取的构思，避免浪费精力。

③多方案的比较与优化选择：完成多方案构思后，将展开对方案的分析、比较，从中选择最佳方案。分析、比较的要点集中在以下三个方面：

a. 设计要求的满足程度以及完美程度；

b. 个性特色是否突出；

c. 修改调整的可能性。

（2）方案的深入

到现在为止，方案的设计深度仅限于确立一个合理的总体布局、交通流线组织、功能空间组织，以及与内外相协调统一的体量关系和虚实关系。要满足方案设计的最终要求，需要一个从粗略到细致、模糊到明确、概念到具体化的进一步深化过程，还应该分别对平面图、立面图、剖面图及总图进行更为深入的推敲。

在方案的深入过程中，除了完成以上工作外，还应注意以下 3 点：

①各部分的设计，尤其是立面设计应该考虑到形式美的法则，注意对比例、均衡、韵律、协调、虚实、光影、质感以及色彩等的把握与运用，以确保取得一个理想的建筑空间形象。

②方案的深入过程必然伴随着一系列新的调整，除了各个部分要适应调整外，也会产生相互影响和作用。比如平面的深入会改变立面和剖面的设计，相反地，立面、剖面的深入也会影响平面的处理。

③方案的深入过程不是一次性完成的，需要经历深入、调整、再深入、再调整的多次循环过程。因此，想要完成一个高水平的方案设计，除了要具备丰富的专业知识、优异的设计能力、正确的设计方法以及极强的专业兴趣外，细心、耐心和恒心也是必不可少的条件。建筑平面功能与建筑形体及立面的深化分析过程示意如图 5.25 所示。

图 5.25 建筑平面功能与建筑形体及立面的深化分析过程
（图片来源：褚冬竹《开始设计》）

5.3 建筑方案设计方法

5.3.1 方案设计方法

建筑方案设计方法是各种各样的。面对不同的设计对象和建设环境，不同的设计师会选用不同的设计方法和思路，甚至做出完全不同的建筑方案。因此，在选用设计方法之前，有必要对现用的各种设计方法及建筑观念有一个理性的认识，这才便于确立适合自己的设计方法。

常用的方案设计方法大致可归纳为“先功能后形式” 和“先形式后功能”两大类。

（1）先功能后形式

“先功能”是指从平面图入手，重点研究建筑的功能需求（图 5.26）。以平面设计为主，垂直功能只是交通问题， 这是建筑设计的一个特点。当确立了比较完善的平面关系之后再转化成空间形态，先平面后立体、体量。这种方法的好处是：首先，由于功能环境要求是具体而明确的，与造型设计相比，从功能平面入手更易把握，易于操作，因此它对初学者最合适；其次，功能的满足是方案成立的首要条件，从平面入手，优先考虑功能，有利于尽快确立方案，提高设计效率。但是这种方法也有不足之处：由于空间形象设计处于滞后被动的地位，可能会在一定程度上制约对建筑形象的创造性发挥。

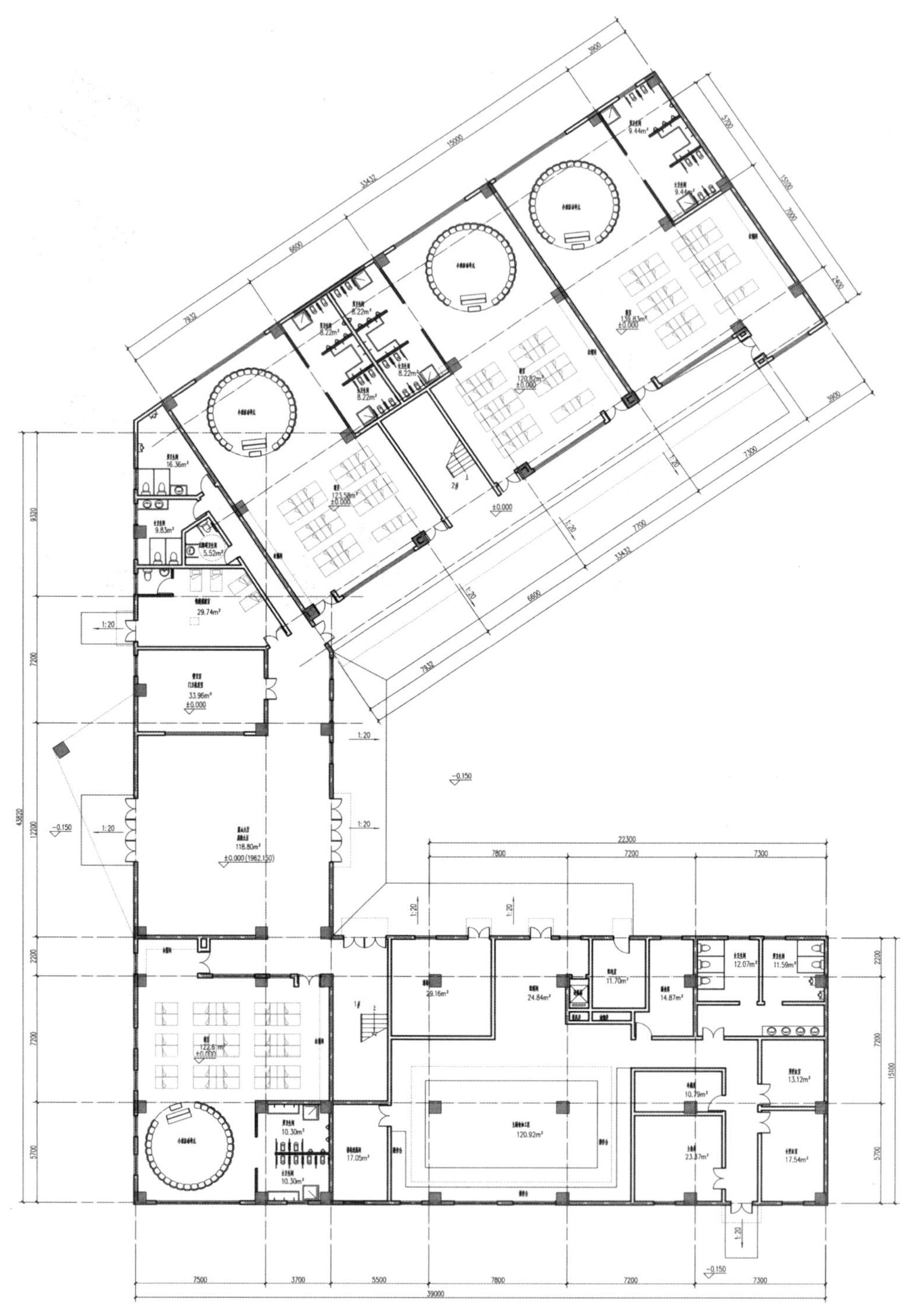

图 5.26　从建筑平面分析建筑功能需求

（2）先形式后功能

“先形式”是指从建筑的体形和环境入手进行方案设计，重点在于研究空间和造型（图 5.27）。确立一个比较满意的建筑形体关系后，再反过来完善功能，并对体形进行相应的调整。如此循环往复，直至方案完善。这种方法的优点在于，设计者可以与功能等限制条件保持一定距离，更易于发挥个人的想象力与创造力，从而产生一些有新意的空间形象。其缺点是后期的“填充”、调整工作有相当大的难度，对于功能复杂、规模较大的项目而言，有可能会事倍功半，甚至无功而返。因此， 该方法比较适合于功能简单、规模较小、注重外形、设计者又比较熟悉的建筑类型。它要求设计者具有相当强的设计功底和丰富的设计经验，初学者一般不宜采用。

需要指出的是，这两种方法并非完全对立。对于经验丰富的建筑师而言，两种方法经常同时使用，难以区分。当从形式切入时，会经常注意以功能调节形式；当首先着手于平面的功能研究时，则同时构想着可能的形式效果。

图 5.27　用 SU 软件建模推敲建筑空间关系

5.3.2　方案设计学习要点

建筑设计是一门多专业交叉的综合性学科，它既是理性的，也是感性的，既需要满足逻辑上的严密，符合自然科学规律，又需要满足一定的想象，对艺术有一定的要求。

一名合格的设计师，必须是一个“杂家”，他可能并不精通每一门学科，但是涉猎领域越宽越好，具备丰富的人文知识和人文素养。人文，是指与人类社会相关的各种文化现象的总和，包括文学、史学、哲学、法学、政治学、经济学、伦理学、艺术等。人文素养是建立在人文科学知识基础上，通过对人类优秀文化的吸纳，接受人类优秀文化熏陶，反映出来的精神风貌和气质修养。在具备多种知识和素养的同时，设计师的感知能力、理解能力、表达能力、造型能力、观察能力、手绘能力等也很重要。

初学者在学习建筑设计时，不但需要学习基本的专业学科知识，还要培养个人的建筑艺术素养。提高个人的建筑艺术素养，可以从认知能力、审美能力，以及创作能力三个方面入手。

1）认知能力

建筑设计师创作建筑，不仅是情绪与创作激情的敏感碰撞，也是建筑技巧和技术内涵的展现，建筑的艺术应当建立在建筑以其形式及空间为对象的基础上。因此，提高建筑素养，首先应该具备相关的建筑知识，能够认知建筑的各个构成模块，由此体会建筑及其构件存在的合理性、目的性，以及建筑师在建筑中表现的技巧和匠心。

提高认知能力的方式，也应当是了解、学习建筑知识的方式，可以通过查阅各种资料、学习相关课程等方式提高对建筑的认知能力。

2）审美能力

建筑设计属于艺术设计类工作，艺术设计类工作的核心素质是设计师的审美能力。任何一种设计类工作对设计师的美学素养及审美能力都有较高的要求。因此，对美学素养及审美能力的培养是现阶段乃至今后整个职业生涯都需要进行的一项工作。

凡称得上建筑艺术的建筑物，必定有其美学价值。一次成功的建筑欣赏，必定是建筑空间情景唤醒了欣赏者的情绪，并诱导推动了欣赏者的情绪发展，最终完成对建筑作品的欣赏。在这个过程中，建筑作为审美对象，人是审美主体，正是由于人的审美基础建立在建筑空间之上，人才得以有了情绪的体验和精神的升华。为了提高建筑艺术素养，应当具备能够触及建筑真正美的能力。

提高审美能力，需要积极地接受各种艺术门类的作品，以及抓住体会存在于艺术意识形态内的各种思想和观念，拓宽知识面，在生活里发现建筑艺术，体会审美对象深处本质性的东西，树立起个人的审美观。

对美学素养的培养可以归结为对美学知识的积累、审美本领的锻炼、积累和掌握。设计师必须具备良好的审美感受能力和审美传达能力，以及对客观世界的审美感受的艺术表现能力。这些能力的获得和发展，一方面要通过设计师本人在生活实践和艺术创作实践中去锻炼和积累。另一方面，还需要通过学习专业的艺术知识和接受前人或他人的艺术经验培养来提高。

3）创作能力

艺术创作是人类为满足自身审美需要而进行的精神生产活动，也是艺术素养的一部分。建筑艺术正是建筑师的艺术创作能力在创作动机的诱导下催生的，没有艺术创作就没有艺术作品；提高建筑艺术素养，应当提高建筑艺术创作能力。

提高创作能力，除了需要具备认知能力和审美能力外，还应当重视建筑艺术资料的收集学习。案例的搜集不仅包括世界知名建筑师的代表作品，也可以包括一些不知名的、小众的具有艺术特点的作品，还应该包括各种类型建筑作品的呈现（建筑展板）方式，学习如何呈现自己的作品，将自己作品中最美的一面展示出来。同时，建筑师要在生活中做一个细于观察、敏于感受、善于体验、勤于思考的人，并在长期的艺术实践中积累，在实践中提高艺术素养。

5.4　建筑快题设计案例

图 5.28　建筑快题设计案例赏析
（图片来源：曹森）

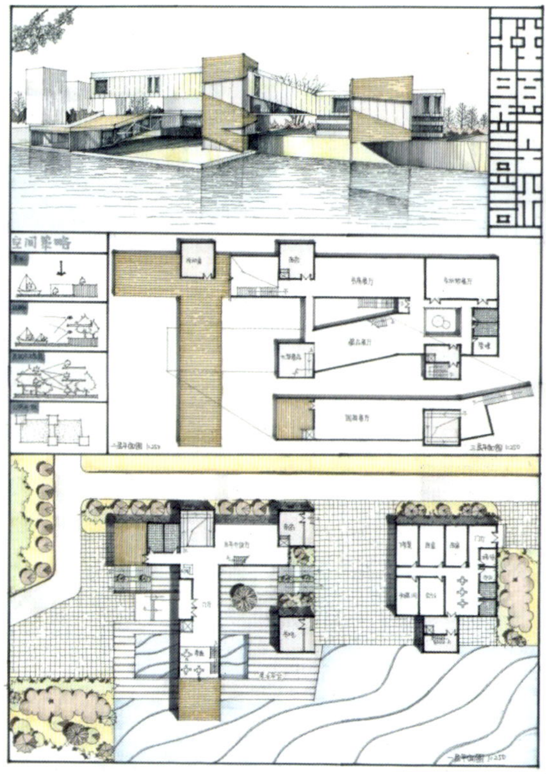

图 5.29　建筑快题设计案例赏析
（图片来源：范琳琳）

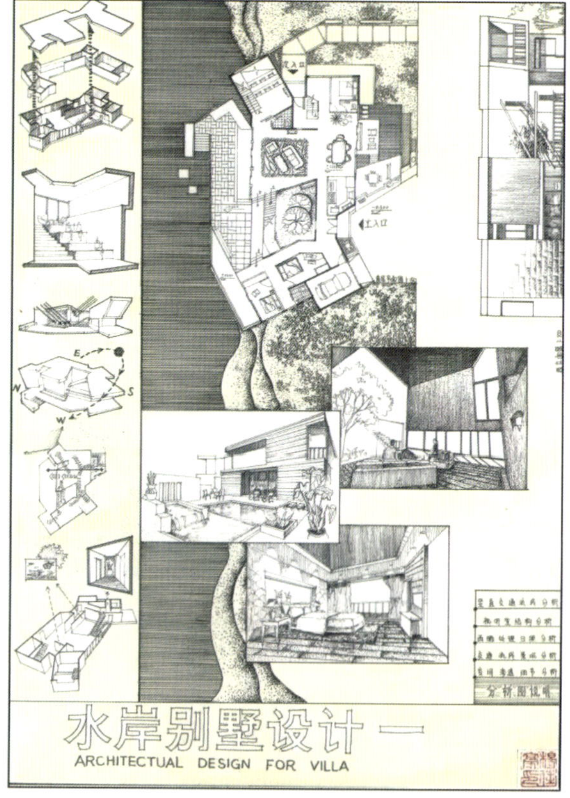

图 5.30　建筑快题设计案例赏析
（图片来源：杨家豪）

DILIUZHANG XUESHENG JIAZUO XINSHANG

第六章　学生佳作欣赏

图 6.1

图 6.2

图 6.3

图 6.4

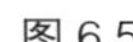

图 6.5

图 6.6

图 6.7

图 6.8

图 6.9

图 6.10

图 6.11

图 6.12

图 6.13

图 6.14

图 6.15

图 6.16

图 6.17

图 6.18

图 6.19

图 6.20

图 6.21

图 6.22

图 6.23

图 6.24

图 6.25

图 6.26

图 6.27

图 6.28

图 6.29

图 6.30

图 6.31